和谐校园文化建设读本

中小学生
动物常识一本通

李 畅/编写

吉林教育出版社

图书在版编目(CIP)数据

中小学生动物常识一本通 / 李畅编写. — 长春：
吉林教育出版社，2012.6（2022.5重印）
（和谐校园文化建设读本）
ISBN 978－7－5383－9023－0

Ⅰ．①中… Ⅱ．①李… Ⅲ．①动物－青年读物②动物
－少年读物 Ⅳ．①Q95－49

中国版本图书馆 CIP 数据核字(2012)第 116283 号

中小学生动物常识一本通 　　　　　　　　　　　　　李　畅　编写

策划编辑 刘 军　　潘宏竹
责任编辑 刘桂琴 　　　　　　　　　　　　**装帧设计** 王洪义

出版 吉林教育出版社（长春市同志街 1991 号　邮编 130021）
发行 吉林教育出版社
印刷 北京一鑫印务有限责任公司

开本 710 毫米×1000 毫米　1/16　　13 印张　　**字数** 165 千字
版次 2012 年 6 月第 1 版　2022 年 5 月第 3 次印刷
书号 ISBN 978－7－5383－9023－0
定价 39.80 元

编 委 会

主　　编：王世斌

执行主编：王保华

编委会成员：尹英俊　尹曾花　付晓霞

　　　　　　刘　军　刘桂琴　刘　静

　　　　　　张　瑜　庞　博　姜　磊

　　　　　　潘宏竹

　　　　　　（按姓氏笔画排序）

总 序

千秋基业，教育为本；源浚流畅，本固枝荣。

什么是校园文化？所谓"文化"是人类所创造的精神财富的总和，如文学、艺术、教育、科学等。而"校园文化"是人类所创造的一切精神财富在校园中的集中体现。"和谐校园文化建设"，贵在和谐，重在建设。

建设和谐的校园文化，就是要改变僵化死板的教学模式，要引导学生走出教室，走进自然，了解社会，感悟人生，逐步读懂人生、自然、社会这三部天书。

深化教育改革，加快教育发展，构建和谐校园文化，"路漫漫其修远兮"，奋斗正未有穷期。和谐校园文化建设的研究课题重大，意义重要，内涵丰富，是教育工作的一个永恒主题。和谐校园文化建设的实施方向正确，重点突出，是教育思想的根本转变和教育运行机制的全面更新。

我们出版的这套《和谐校园文化建设读本》，全书既有理论上的阐释，又有实践中的总结；既有学科领域的有益探索，又有教学管理方面的经验提炼；既有声情并茂的童年感悟，又有惟妙惟肖的机智幽默；既有古代哲人的至理名言，又有现代大师的谆谆教诲；既有自然科学各个领域的有趣知识，又有社会科学各个方面的启迪与感悟。笔触所及，涵盖了家庭教育、学校教育和社会教育的各个侧面以及教育教学工作的各个环节，全书立意深邃，观念新异，内容翔实，切合实际。

我们深信：广大中小学师生经过不平凡的奋斗历程，必将沐浴着时代的春风，吸吮着改革的甘露，认真地总结过去，正确地审视现在，科学地规划未来，以崭新的姿态向和谐校园文化建设的更高目标迈进。

让和谐校园文化之花灿然怒放！

本书编委会

目录

一、动物常识概述

二、鸟类

三、昆虫类

四、哺乳动物

一、动物常识概述

动物的构成

自然界大约有150万种动物，从肉眼看不到的原生动物到庞然大物的蓝鲸，都是由细胞构成的。细胞是动物体最基本的结构单位。

有的动物只有一个细胞，就能完成全部的生命活动，这种动物叫做单细胞动物，是最低等的动物。绝大多数动物是由多细胞构成的。由细胞形成组织，由组织构成器官，再由器官组成系统，由系统才能构成完整的动物个体，来完成动物体的各项生命活动。

动物体内的细胞，总是与形态、结构相同的同伴组合在一起，担负着共同的机能，这就形成了组织。高等动物体（如人体）一般由四大组织构成，即上皮组织、结缔组织、肌肉组织和神经组织。上皮组织主要起保护、分泌、吸收和排泄作用；结缔组织具有支持、连接和提供营养等多种作用；肌肉组织主要由收缩性很强的肌细胞组成，它的主要作用是运动；神经组织是组成脑、脊髓的基本成分，它的主要功能是接受刺激，并使动物各部分的活动协调起来。

一种组织还需要与其他组织联合起来，才能产生一定的生命活动。不同类型的组织联合起来，形成具有一定形态特征和一定生理机能的结构，叫做器官。器官具有一定的形态，并且可以相对独立地从事某种活动。

　　单独的器官仍然不能构成动物体，它们需要排列起来，完成相同的生理活动，这样就形成了系统。动物的口、食道、胃、肠等器官以及各种消化腺有机地结合起来，形成消化系统，才能共同完成消化食物的工作。高等动物体有许多系统，如运动系统、呼吸系统、循环系统、消化系统、神经系统等，这些系统互相联系，相互配合，并在神经系统的统一指挥、协调下，完成动物体的各项生命活动。

动物的体温

　　当你用手摸鸡或哺乳动物的身体时，会感到热乎乎的；可是摸到鱼类、青蛙等两栖类、爬行类动物的身体时，却感到冷冰冰的。前一类动物因具有完善的体温调节机制，能在环境温度变化的情况下，保持体温的相对稳定，所以称为恒温动物或温血动物。后一类动物的体温随着环境温度的改变而变化，所以叫做变温动物或冷血动物。

　　除鸟类、哺乳类动物以外，其他动物都是变温动物，它们的体温能随着外界生活环境温度的变化而变化。夏天，蛇的体温清晨是 25℃，可是到了烈日炎炎的中午却猛升到 40℃。变温动物体内虽然没有完善的体温调节机制，但有办法对付过低或过高的气温。在气温变化剧烈的环境中，它们会把自己隐藏起来，以减少温度对它们体温的影响。如昆虫、爬行动物等，在气温较低的清晨往往不大活动，要到阳光充足的地方晒热身体，才能恢复活力。鱼类、两栖类动物到了冬天，可以不吃不喝进行冬眠，以躲过寒冷环境的影响。像海参、蜗牛等变温动物，总是通过夏眠来躲避高温环境的影响。

　　恒温动物的身体保持着一定的体温。鸟类体温一般在 37.0～44.6℃范围内，哺乳类动物一般约为 25～37℃，从而减少了对环境的

夏天，狗伸出舌头来散热

依赖性。恒温动物体内有完善的体温调节机制，如发达的呼吸循环系统，厚厚的皮毛，发达的汗腺等，而且每种动物又都有各自独特的保持恒定体温的巧妙方法。如生活在严寒南极的企鹅、海豹，有浓密而厚实的羽毛和厚厚的脂肪抵御严寒；生活在热带的大象只在早、晚活动，中午"避暑"，通过皮肤散热，也通过皮肤渗透水分和四只大脚掌与温度较低的地面接触来散发热量，同时大象非常爱洗澡，用鼻子向身上喷水巧妙降温；生活在热带的猴子，会利用长长的尾巴来增大与空气的接触面积而散热，冷天又能用它的尾巴来减少体内热量的散失。人们常常看见在炎热的夏日狗伸着长舌喘气，因为狗的汗腺长在舌头上，只能通过长长的舌头散发体内热量。

恒温动物为了保持体温，需要通过消耗体内的能量物质来维持，所以恒温动物的食量比冷血动物大。鸟类每天要吃下和自己体重相等的食物，才能保持恒温。重量相等的猪与大蟒蛇，如果猪每天消耗 150 份重量的能源物质的话，蛇只要一份就够了。

动物的血液

一般动物的血液都是红色的，是因为血液中红细胞的主要成分是含铁的血红蛋白，铁与其他化合物形成复合物呈现红色。但是，并非所有动物的血液都是红色的。一些低等动物，如软体动物中的河蚌、田螺，节肢动物中的对虾、沼虾等的血液中含血清蛋白，可携带氧气，血液是无色透明的。节肢动物中的鲎的血液中含有铜元素，因此它的血液是蓝色的。这些动物的血液中都没有血红蛋白。

高等动物的血液由血浆和血细胞组成。血浆是淡黄色的液体，血细胞悬浮在血浆中。血细胞又分为红细胞、白细胞和凝血细胞（哺乳动物的凝血细胞又叫血小板）。

红细胞内含血红蛋白，在血液中起着运送氧气和二氧化碳的机能。血红蛋白很容易和氧结合，形成氧合血红蛋白。它又很容易分解，当红细胞随血液流到各组织中时，把各种营养物质，如氧气、蛋白质、糖、脂肪运送到全身各个组织细胞中，同时把全身各部分组织细胞代谢的废物，送到肺、肾、皮肤然后排出体外，使动物能及时地吸收营养和排泄废物。

血液还有防御和保护作用。如白细胞是防护卫士，能把外来微生物和体内坏死组织吞噬分解掉，以保护机体。血小板具有止血和凝血的作用，当动物体某处受伤出血时，在血小板参与下血液很快凝固。

动物的眼睛

动物的眼睛是一个奇妙的世界。

原生动物中绿眼虫具有最简单、最原始的眼睛。它的整个身体就是一个细胞，眼睛只不过是一个环状的红色眼点，这个眼点可感觉光的强弱。腔肠动物的水母，它的感受器称为触手囊，眼睛只是触手囊上一个红点，只能分辨光明与黑暗。

乌贼的眼睛是无脊椎动物中最高等的，眼的前方有角膜，后面有巩膜，还有虹彩、瞳孔、晶体、睫状肌等构造。蜗牛的眼睛长在头部上方的一对触角的顶端，小得像针孔，称为"针孔眼"。难怪蜗牛只能模糊地辨认方向，慢吞吞地爬行。

蜗牛的眼睛

复眼是节肢动物（如蜈蚣、蜘蛛和昆虫）的特有眼睛。它由许许多多的小眼构成，每只小眼只能感受一小部分形象，而由许多六边形的小眼如同蜂窝般地连在一起的复眼，能把所有小眼看到的形象汇集起来，形成一幅完整的画面，还能观察距离较远的物体并辨别方向。昆虫的小眼越多，视力越强，蜻蜓、苍蝇等昆虫有成千上万只小眼。

昆虫的眼睛虽多，却不管用，有的还是"色盲"。五彩缤纷的大自然，在它们看来却是个单调的世界。昆虫的眼睛大多不能活动，但蜻蜓、苍蝇的眼睛却能随颈部自由转动，所以它们能够瞻前察后，环顾左右。鲎的眼睛很特别。它有四只眼睛，两只小眼睛长在头胸甲正中，像灵敏的电磁波接收器一样，能接收深海中最微弱的光线。在头胸甲的两侧有一对大复眼——由一千多个小眼组成，鲎的复眼对光有侧面

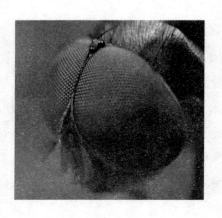

蝗虫的复眼

抑制作用，可以增强图像的反差，这一原理被应用于电视机中，从而使图像更加清晰。

眼睛变化最大的要数鱼类了。南美洲河里有一种四眼鱼，眼睛中间有一层横膈膜，把眼睛分成上下两部分，上边看空中，下边看水中。比目鱼总是平躺在海底，所以两只眼睛都长在一侧。尽管鱼类眼睛千差万别，但所有的鱼类都是近视眼，没有真正的眼睑，也没有泪腺，所以从不会流泪。

新西兰有一种很古老的爬行动物，叫楔齿蜥，它长有三只眼，除了头两侧各有一只眼外，第三只眼长在头顶上，虽然视力不太好，但是也能分辨黑白；变色龙的眼睛大而突出，两只眼睛能单独活动，一只眼向前看时，另一只眼可以向后看。

动物中的"千里眼"要属鹰了，它在离地面1000米以上的高空中翱翔，也能清楚地看到地面小动物活动的情景。科学家对鹰眼进行了研究，发现鹰是用低分辨率、宽视野的部分搜索目标，而高分辨率、窄视野的部分是用于仔细观察已经发现的目标的。如果我们仿造鹰眼结构，研制出一种电子鹰眼，那么飞行员的视野可大大拓展，视觉敏锐程度也会得到提高。动物的眼睛结构不同，辨色本领也不同。狗和猫几乎不会分辨颜色；田鼠、家鼠和家兔等也都是色盲；猴子、猩猩分辨颜色的能力特别强，敏感程度与人相似；鹿对灰色的识别力最强，所以能迅速逃避灰狼的袭击。

动物的耳朵

动物都有耳朵，但长的形状和位置不同。

水母（又叫海蜇）能听到人听不到的次声波，它的伞形边缘长着像"耳朵"似的感受球，感受球里含有钙质的平衡小石。当风暴来临时，会产生一种次声波，水母靠这块小石早就听到了，于是赶紧逃之夭夭。

许多昆虫的"耳朵"生长的位置都很奇特。苍蝇的听觉器官长在翅膀基部的后面；蝈蝈和蟋蟀的"耳朵"长在前足的小腿节上；蝉的"耳朵"却长在肚子下面。昆虫中只有蟋蟀、蚱蜢、蝗虫、蝉和大部分蛾类才有"鼓膜"那样的听觉器，可是它们并不是长在头上，而是长在腿上或身躯两侧。

鱼类有较好的听觉，也能利用声音来传递消息。鱼只有内耳，藏在头骨里面。鱼的侧线也有"听觉"作用，是鱼类的特殊听觉器官。两栖类的青蛙，耳朵已经进化成鼓膜、中耳、内耳等，因此听觉较为灵敏。蛇的耳朵和鱼类相似，只有听骨和内耳，蛇不能听到空气传播的声音，只能听到地面振动的声音，"打草惊蛇"就是这个道理。

几乎所有的哺乳动物都有耳郭，能接收通过空气、地面或水里等传来的声波振动。蝙蝠、犬耳狐、土狼的耳郭很大，能够收听到极轻微的声音；猫的耳朵也很灵敏，当它打盹时，总爱把耳朵贴在前肢下方的地面，一有老鼠走动，它就会立即惊醒；蝙蝠，也是一种哺乳动物，它在夜晚捕捉昆虫，不靠眼睛，而是靠一双能"看见"东西的耳朵。科学家经过研究才明白：蝙蝠是利用超声波来"看"东西的。然而大自然是奇异的，尽管蝙蝠具有高超的辨声能力，但是有些昆虫，如夜蛾仍然能逃避它的追捕。夜蛾依靠胸腹间的一种奇妙"耳朵"——鼓膜器，能在30米外"听"到蝙蝠发出的超声波，并且迅速作出判断，从容逃走。如果把蝙蝠称为"活雷达"的话，那么夜蛾具有高超的"反雷达"装置。

高等动物的耳朵，如家兔分为外耳、中耳、内耳三部分。外耳包括耳郭与外耳道，能够集音；中耳包括鼓膜、鼓室、三块听小骨（槌骨、砧骨和镫骨），可把鼓膜接受的声波加以扩大和传播到内耳。内耳有三个半规管和一个耳蜗管，起到感音与平衡的作用。耳蜗管接收声波，由听神经传导至大脑皮层，引起听觉。

动物的鼻子

动物的鼻子不仅是呼吸道的一部分，也是嗅觉器官。警犬所以能跟踪罪犯，就是靠一个对气味非常敏感的鼻子。

一般说来，嗅觉灵敏的动物，鼻子往往长而突出，鼻孔大而湿润，表面密布嗅觉细胞。如生活在美洲中部的巨型三趾食蚁兽，鼻长仅次于大象，嗅觉特别灵敏，平时以在土堆瓦砾中寻找蚂蚁为食。相反，嗅觉不灵敏的动物，鼻子小而干燥，嗅觉细胞少，灵敏度差，捕食主要靠眼、耳帮忙，鸟类就是这样的。

不同的动物，嗅觉的灵敏程度差别很大。鱼的鼻子是两个凹陷的孔，嗅觉细胞主要集中在鼻腔里，在黑夜里寻找食物主要靠嗅觉。鲨鱼的嗅觉极其灵敏，可以在几千米外嗅到血腥味。狗的嗅觉特别灵敏，能够辨别一千多种不同物质的气味。

动物的鼻子构造不同，功能也不一样。鲨鱼的鼻子通过灵敏的嗅觉，可以作为捕食器官；水獭两个鼻孔具有盖子的作用，可以开关，使气体自由进出，又不至于呛水；大象的鼻子有坚韧的肌肉可以随意伸缩，成为战斗的武器；水牛的鼻子在炎热天气会渗出汗滴，起着散发热量的调温作用；狗的鼻子可以作为探测器；蝙蝠的鼻子可发出 2 万赫兹以上的声波，好像雷达一样；海鸟的鼻子是海水的淡化器，可以长期生活在海上，不为淡水水源而烦恼。

有些低等动物，如昆虫，虽然没有鼻子，却有灵敏的嗅觉。如蜜蜂可以闻到距离遥远的花香，赶去采蜜。

动物的嘴

动物的嘴巴（包括牙齿、舌）不同，摄食的方式也不一样。

最低等的原生动物没有牙齿和舌，摄食时，从身上伸出伪足把食物裹起来送入体内形成食物泡。草履虫靠身体侧面的口沟附近纤毛的颤动，将水流激成一绕口旋涡，使水中的食物源源不断地流入口中。

昆虫的摄食器官称为口器，构造很复杂，可分为五种。蝗虫、蟋蟀等的口器有上下唇、上下颚、舌和尖锐的齿，适于取食固体食物，为咀嚼式口器；蚊子等的口器用锐利的口针刺入动植物体内，吸吮汁液，为刺吸式口器；蝶蛾类的口器叫虹吸式口器，它的外形很像钟表的发条，是一根中空的虹吸管，平时不用盘旋起来，当蝶儿停在花朵上，那长长的虹吸管展开，伸入花朵深处吸取花蜜；苍蝇的口器是由下唇变化来的，末端膨大的唇瓣可以吸收半固体物质或直接用来舐刮糖等较粗物质，叫舐吸式口器；蜜蜂的口器既能把食物嚼碎，又能将食物吸收到体内，称为嚼吸式口器。

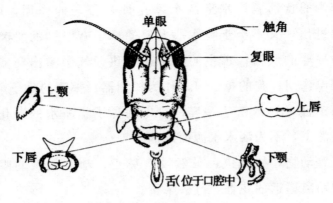

单眼　　触角　　复眼　　上颚　　上唇　　下唇　　下颚　　舌(位于口腔中)

蝗虫的口器

　　脊椎动物的摄食器官——嘴，一般是由上下唇、上下颚、舌和牙齿组成。其中牙齿和舌是重要的摄食器官。鱼的舌头内长有骨，不能自由伸缩，只能在捕食时帮助咬住食物；青蛙的舌根长在下颌前端，舌头能从口腔翻出，即使离得较远的昆虫也能捕到；蛇的舌尖分叉，能自由伸出，但不是捕食工具，而是"触手"，有灵敏的感觉。

　　鸟类没有真正的牙齿，而用角质化的喙摄取食物。鸟类的舌头都较硬，具有角质膜或骨头，在摄食中起着重要作用。

　　哺乳动物的牙齿分成门齿、犬齿、臼齿三种。门齿呈凿状，能切断食物；犬齿尖锐，能撕裂食物；臼齿能研磨、压碎食物。各种哺乳动物的牙齿数目是不同的，牛、猴和人一样，都是 32 枚；大熊猫是 40 枚；白鳍豚有 130 枚。

　　哺乳动物的舌高度发达，有着多种用途。食蚁兽遇到蚂蚁时，立即伸出细长黏糊的舌头，来回一扫就能黏住许多蚂蚁填入口中；猫的舌头表面有许多向后倒生的乳突，可以舐食附在骨头上的肉屑；牛、长颈鹿的舌就像手一样灵活，能伸出口外把草送进嘴里。

动物的四肢

低等无脊椎动物没有四肢，或只有很简单的附肢；高等脊椎动物的四肢强而有力。

鱼的四肢是鳍状的，前肢是一对胸鳍，后肢是一对腹鳍。胸鳍主要起转换方向的作用，腹鳍主要辅助背鳍、臀鳍保持身体平衡。

两栖动物有强有力的五趾型附肢。青蛙的前肢短，后肢粗而长，趾间有肉膜叫蹼。这些特点，使它既能在水中游泳，又能在陆地爬行、跳跃。

鸟类的两条腿是一对后肢，它的前肢演变成为翅膀，能在天空翱翔。世界上最大的鸟——鸵鸟，双腿强健有力；而耐寒冷的鸟——南极企鹅，双翅已转化成鳍状而失去了飞行能力，后肢也变成了适于冰川上行走和水中游泳的两只脚。

哺乳动物大多具有典型的、发育完备的四肢，能灵巧自由地运动，快速地奔跑。跑得最快的猎豹，百米速度只要 3.2 秒。

哺乳动物的四肢变化很大。澳大利亚的袋鼠后肢非常强壮，长度约为前肢的五六倍；蝙蝠的前肢变成皮膜状的翼，能适应空中飞行；生活在海洋中的鲸类，前肢变成鳍状，后肢基本消失；而海豹四肢却变成了桨状的鳍脚，后鳍脚朝后，不能弯曲向前，成了主要的游泳器官。

动物的爪

爪，是动物进化到一定的时候，才由皮肤的表皮角层演变而来的。爪的出现，对动物的生存和御敌都有一定作用。

爬行动物中的避役，生活在茂密的丛林中，它所以能在树干上爬行，除了尾巴的帮助外，趾端的锐爪起着重要作用。还有蜥蜴、龟、鳖等爬行动物的爪，都是对爬行生活的适应。

　　鸟的种类繁多，不同的生活方式和生存环境，使它们的脚和爪也变得多种多样。猛禽类的猫头鹰、秃鹫等，脚强壮而有力，趾端有锐而钩曲的爪，利于捕杀动物。攀禽类的啄木鸟、杜鹃等脚很强壮，趾端有锐利的爪，能稳当地抓住树干。

马蹄

　　最复杂而多样的爪，是哺乳动物兽类的爪。穿山甲的爪是向后弯的，像一把锄头，善于挖掘；树懒的爪呈钩状，适于钩住树枝；猫和狗等动物的爪既锐利又能屈伸，运用自如；牛、羊、马等兽类的爪变成了蹄，供运动之用。所以长着蹄的动物一定是食草动物，没有像食肉动物的利爪；老虎、狮子等猛兽的爪主要用来捕捉食物和防御敌害，所以特别锐利。

动物的分类

　　动物是多细胞真核生命体中的一大类群，称之为动物界。一般不能将无机物合成为有机物，只能以有机物（植物、动物或微生物）为食料，因此具有与植物不同的形态结构和生理功能，可以进行摄食、消化、吸收、呼吸、循环、排泄、感觉、运动和繁殖等生命活动。

目前已知的动物种类大约有 150 万种。可分为无脊椎动物和脊椎动物。

科学家已经鉴别出 46900 多种脊椎动物。包括鲤鱼、黄鱼等鱼类动物，蛇、蜥蜴等爬行类动物，还有大家熟悉的鸟类和哺乳类动物。

科学家们还发现了大约 130 多万种无脊椎动物。这些动物中多数是昆虫，并且昆虫中多数是甲虫。另外，像鼻涕虫、乌贼等动物都属于无脊椎动物。

无脊椎动物

无脊椎动物是脊椎动物以外所有动物的总称。主要特点是：身体中轴无脊椎骨所组成的脊柱，神经管在身体的腹面，心脏在身体的背面。主要包括原生动物、海绵动物、腔肠动物、扁形动物、线形动物、环节动物、软体动物、节肢动物和棘皮动物等，其种类数占动物总种类数的 95%，它们是动物的原始形态。动物界中除原生动物界和脊椎动物亚门以外全部门类的通称。正如 BBC 主持人大卫·阿登堡爵士所言："如果一夜之间所有的脊椎动物从地球上消失了，世界仍会安然无恙，但如果消失的是无脊椎动物，整个陆地生态系统就会崩溃。"

无脊椎动物的形态特征

炫目的珊瑚虫

　　无脊椎动物多数体小，但软体动物门头足纲大王乌贼属的动物体长可达 18 米，腕长 11 米，体重约 2～3 吨。无脊椎动物多数水生，大部分海产，如有孔虫、放射虫、钵水母、珊瑚虫、乌贼及棘皮动物等，部分种类生活于淡水，如水螅、一些螺类、蚌类及淡水虾蟹等。蜗牛、鼠妇等则生活于潮湿的陆地。而蜘蛛、多足类、昆虫则绝大多数是陆生动物。无脊椎动物大多自由生活。在水生的种类中，体小的营浮游生活；身体具外壳的或在水底爬行（如虾、蟹），或埋栖于水底泥沙中（如沙蚕蛤类），或固着在水中外物上（如藤壶、牡蛎等）。无脊椎动物也有不少营寄生的种类，寄生于其他动物、植物体表或体内（如寄生原虫、吸虫、绦虫、棘头虫等）。有些种类如蚓蛔虫和猪蛔虫等可给人类带来危害。

脊椎动物

脊椎动物是动物界中进化地位最高等的类群，约有 4.5 万种，分属于 6 个纲：圆口纲、鱼纲、两栖纲、爬行纲、鸟纲和哺乳纲。主要特点有：出现明显的头，头部有许多重要感官。神经管前端分化成脑，并通过神经与感官相连；神经管后端分化成脊髓；绝大多数种类中，脊索只见于胚胎发育早期，而后为分节的脊柱取代；脊柱和头骨保护中枢神经，脊柱和其他骨骼是身体的支架，并有保护体内器官的作用；原生水生种类用鳃呼吸，次生水生种类和陆生种类，在胚胎期出现鳃裂，成体用肺呼吸；除圆口类外，均有上、下颌。以下颌上举使口合闭，为脊椎动物特有；具有完善的循环系统。高等种类的心脏内，动脉血和静脉血能分开，机体代谢旺盛，体温恒定；肺代替了肾管，使排泄功能提高；除圆口类外，都用成对的附肢作为运动器官。

动物界分多少门

自瑞典生物学家林奈将生物命名后，此后的生物学家用界、门、纲、目、科、属、种加以分类。最上层的界分别为原核生物界、原生生物界、菌物界、植物界以及动物界。从最上层的"界"开始到"种"，愈往下层则被归属的生物之间的特征愈相近。

动物界作为动物分类中最高层，已发现的共 37 门 70 余纲约 350 目 150 万种。分布于地球上所有海洋、陆地，包括山地、草原、沙漠、森林、农田、水域以及两极在内的各种环境，成为自然环境不可分割的组成部分。动物界一共分为 37 门，分别是原生动物门、中生动物门、多孔动物门（称海绵动物门）、扁盘动物门、古杯动物门（已灭绝）、腔肠动物门、栉水母动物门（也有人把这个门归入腔肠动物门，作为栉水母纲）、扁形动物门、蛴虫动物门、舌形动物门、奇怪动物门（在

1994年新发现的一类动物，人类对它们所知甚少)、纽形动物门、颚胃动物门、线虫动物门、腹毛动物门、轮虫动物门、线形动物门、曳鳃动物门、动吻动物门、棘头虫动物门、铠甲动物门（1983年才发现的一个新门，目前没有准确分类)、内肛动物门、环节动物门、星虫动物门、软体动物门、软舌螺动物门（已灭绝)、缓步动物门、有爪动物门、节肢动物门、腕足动物门、外肛动物门、帚形动物门、棘皮动物门、须腕动物门、毛颚动物门、半索动物门、脊索动物门（动物界中最高等的动物，分五类：鱼类、两栖类、爬行类、鸟类、哺乳类)。

原生动物门

原生动物又称单细胞动物，是动物界最低等和体形最小的类群。身体由单个细胞构成。生活机能由各种细胞器完成。群体的原生动物常由形态相同的个体聚合而成，少数种类的群体出现营养个体与生殖个体的区别，但彼此间并无密切的相互依赖关系，故不具有原生动物的组织分化。营养方式主要为动物性营养和腐生性营养，少数类群具有色素体，通过光合作用进行植物性营养，植物学家称其为原生植物。

原生动物门的特点

原生动物以鞭毛、伪足及纤毛为运动器，繁殖方式包括无性生殖（二分裂、出芽和复分裂）及有性生殖（配子结合、接合生殖和孢子生殖)。环境不良时，许多种类能形成包囊。原生动物约有3万种，生活于淡水、海水或潮湿土壤中；不少种类寄生于人、畜体内引起寄主的严重疾病，如疟原虫、利什曼原虫、锥体虫等。多数原生动物是鱼类和其他无脊椎动物的食物。

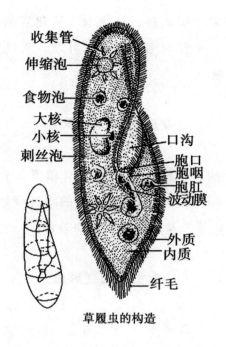

収集管
伸缩泡
食物泡
大核
小核
刺丝泡
口沟
胞口
胞咽
胞肛
波动膜
外质
内质
纤毛

草履虫的构造

动鞭纲

动鞭纲是原生动物门肉足鞭毛亚门的一纲。有鞭毛1～2根，多的达8根以上。身体的结构变化很大，有些类群则很复杂，但均不含色素体，全为动物性营养或腐生性营养。不少种类寄生于人、畜体内，能导致严重疾病或死亡，如原鞭目的锥体虫及利什曼原虫；多鞭目的阴道毛滴虫等。也有的生活在白蚁或蜚蠊的消化道内形成共生关系，如铃形披发虫。

变形虫

变形虫又名阿米巴虫，根足纲变形虫目原生动物之通称。体无厚的表膜或壳，细胞质常分化为外质和内质。外质透明，韧性较强，内质多颗粒，含一至多个细胞核、食物泡、消化后的食物颗粒等。淡水生活的种类至少有一个伸缩泡。伪足呈叶状，无性繁殖为二分裂或复分裂，包囊现象普遍。

变形虫的生存环境

变形虫生活于淡水、海水、潮湿土壤和覆盖有腐败落叶的地面。大变形虫直径可达 600 微米，生活于淡水的缓流或静止的池沼中，常在浮叶下面，以细菌、藻类及其他原生动物为食。

"永生"的变形虫

变形虫的身体只有孤零零的一个细胞，细胞由细胞膜、细胞质和细胞核组成，没有心肝脾肺肾。但动物的一切生理机能，如运动、消化、呼吸、排泄等，都可以由这唯一的细胞承担。变形虫通常在污水、池塘或湿土中生活，当它捕食、运动和抗敌时，细胞质便伸出去，形成"伪足"。这个伪足可以从身体的任何一部分延伸出来，而且各条伪足经常在伸缩着，因此它的形态也就经常变换，不能定形。自古以来，各种动物死了之后，都留下自己的尸体，然而变形虫却死不留尸。原来，当变形虫长大之后，就开始繁殖，由一个分裂而变成两个。这样，老的变形虫就消失了。难怪科学家称变形虫为"永远不死"的动物，或者称之为"永生的虫"。

不可小看的变形虫

变形虫是一种极小的原生动物，全身直径通常只有 0.01 厘米，最大的变形虫直径也只有 0.4 毫米，用肉眼看，不过是一个模模糊糊的小白点，只有在显微镜下才能看清。变形虫这一家族有不少种类，例如在海水中生活的有孔虫、夜光虫、放射虫，在淡水中生活的太阳虫、变形虫，在人体和动物体内寄生的疟原虫、痢疾内变形虫。痢疾内变形虫寄生在人的大肠里，能溶解肠壁上的细胞，引起"阿米巴痢疾"，危害人体健康，所以不能小看它。

海绵动物门

海绵动物是动物界中最低等的原生动物，约 5000 种，体形从微小至 2 米长不等，其中最大的物种分布于南极洲和加勒比海。绝大多数生活在海水中，少数生活在淡水。营固着生活，单体或联成群体。体形多样，呈瓶形、块状、管状、树枝状等。没有组织器官分化，没有口和消化腔。体壁由两层细胞构成，外层是多角形扁平细胞，少数细胞特化成"进水孔"；内层细胞为扁平细胞，其中一部分细胞特化成海绵动物所特有的具有鞭毛的领细胞，鞭毛摆动可促使水流从进水孔流入中央腔，再从出水口排出，水流中的食物颗粒被领细胞捕获，进行细胞内消化。体壁两层细胞之间为中胶层，其中含游走细胞、生殖细胞和造骨细胞。水流在身体内要经过复杂的水沟系统，对于不同种的海绵动物，水沟系统的复杂程度也不同，反映着进化的水平高低。

海绵动物的生殖方式

海绵动物的生殖方式为无性生殖和有性生殖两种。有性生殖的物种具有自由游动的纤毛幼虫，胚胎发育时体壁内、外两层细胞的形成与其他多细胞动物的胚层分化不同。海绵动物可分为钙质海绵纲、六放海绵纲和寻常海绵纲3纲。

海绵动物的生存环境

在全球所有的海洋中，海绵动物的数量都十分巨大，在坚硬的基质上，它们更是多得惊人，相对而言，极少海绵动物能适应不稳定的沙地或泥沼的生存环境。它们的垂直生活领域从潮汐效应时水岸的最低处，向下延伸至8600米深的海洋深渊，硅质海绵中的淡水海绵科甚至能在全球的淡水湖泊和河流中生存。有些海绵动物一旦暴露在空气中的时间略长就会死去，因此在大陆架的浅水域中，海绵动物的物种和个体数量都达到最大。

腔肠动物门

　　腔肠动物是动物界中身体呈辐射对称的较低等的类群，全部为水生，大都生活在海水中，约 9000 种。体壁分为内胚层和外胚层，两个胚层之间是中胶层。细胞间的分化已高于海绵动物，具有神经细胞、肌细胞和本门动物所特有的刺细胞，刺细胞多集中在触手上。体壁之间为消化腔，只有一个开口，食物的摄入和食物残渣的排出都要通过这个口。神经细胞的突起彼此相连，均匀地分布全身，形成低等的网状神经系统。有固着生长的水螅型和浮游生长的水母型，均为辐射对称。可进行无性生殖和有性生殖。条件较好时，以出芽或裂体繁殖，条件不好时进行有性生殖，并有世代交替现象。

腔肠动物的特征

　　腔肠动物可分为水螅虫纲、钵水母纲和珊瑚虫纲。一般认为成体仍保持着原肠胚的形态。身体仅由外胚层和内胚层所构成，无中胚层。内外两胚层之间充有琼脂样的胶质，称为胶质层（有人把散在其中的游走细胞看做中胚层性的细胞）。由内胚层形成的原肠即为腔肠。内胚层细胞有消化作用，进行细胞内消化。腔肠动物中较有经济价值的是海蜇，可供食用，古代珊瑚可形成石油层，在石油勘探中具有重要价值，珊瑚还是制造工艺品的重要原料。

扁形动物门

扁形动物是低等的三胚层动物，是动物界进化中的一个新阶段，体形转变成既能游泳又能爬行，背腹平扁两侧对称。身体明显地具有前、后、左、右及背、腹之分。主要特征是：身体背腹扁平，两侧对称，不分节；除内胚层、外胚层以外，还具中胚层；出现了器官和系统。消化管有口，无肛门，具原肾型的排泄系统、梯形神经系统和复杂的生殖系统，多数为雌雄同体；无体腔，器官之间充满了间质。部分扁形动物在海水、淡水和潮湿土壤中进行自由生活，部分种类寄生在其他动物体表或体内。

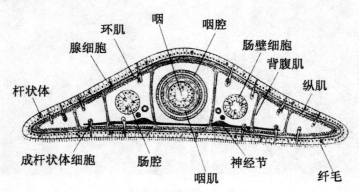

扁形动物的分布

扁形动物广泛分布在海水和淡水水域中，少数在陆地上潮湿的土壤中生存。大部分种类为寄生。全世界约 1.2 万种，中国已发现近 1000 种。扁形动物可分为 3 纲：涡虫纲、吸虫纲和绦虫纲。扁形动物与人类的关系比较密切。寄生种类可对人、家畜、家禽和鱼类造成危害。

涡虫纲

涡虫纲是扁形动物门的一纲。大多数自由生活，生存于淡水、海水及潮湿土壤中。体表有纤毛，可以爬动。上皮细胞间有杆状体，遇刺激时排出体外，弥散出有毒的黏液供捕食、防御用。消化系统发达，肠道为直管、分支或仅为一团内胚层细胞。神经系统一般为梯形神经系统，但最原始的一些无肠类涡虫中仍具有类似腔肠动物的网状神经系统。感觉器官多集中在前端，包括眼及具化学感觉功能的耳突，低等类群中还有平衡囊。涡虫纲大多雌雄同体、异体交配。有些种类可以横分裂繁殖，再生能力强。

吸虫纲

吸虫纲是扁形动物门的一纲。绝大多数成虫寄生于脊椎动物体内、外。它们的形态构造和生理功能都适应于寄生生活。成虫体扁似叶或背面隆起，体表无纤毛而有一层含脂蛋白成分的表皮，体壁无杆状体。许多种类在体前部有 2 个吸盘，具吸附寄主的功能，口位于前端的吸盘中。消化系统常为 2 条分支的纵行盲管。感觉器官退化。体内寄生的种类厌氧呼吸。生殖器官发达，常为雌雄同体，自体或异体受精。体外寄生者生活史简单，不需中间寄主，如为害淡水鱼的三代虫、指环虫。体内寄生的种类生活史复杂，常需 2 个或 2 个以上寄主，如寄生在羊、马、牛等肝及胆管内的肝片吸虫，人和猪小肠内的姜片虫，寄生于人或其他哺乳动物门静脉或肠系膜静脉的血吸虫等，均能造成严重危害。

绦虫纲

属扁形动物门，全球约有 4000 余种，中国约有 400 种。成虫寄生于各类脊椎动物（极少数寄生于软体动物）消化道内而自身无消化道。身体分节或不分节的扁形动物，共分单节绦虫亚纲和多节绦虫亚纲两个亚纲。全部属寄生，成虫寄生于脊椎动物，幼虫主要寄生于无脊椎动物，但也有以脊椎动物为中间寄主的。除单节绦虫外，所有的绦虫体均分节，由头节、幼节、成节和孕节组成 1 条带状链体。绦虫广泛地寄生于人、家畜、家禽、鱼和其他脊椎动物的体内，引起各种绦虫病和绦虫蚴病。寄生于人体的绦虫有 30 余种，多属圆叶目和假叶目，最著名的种是引起人类绦虫病的猪肉绦虫。绦虫头节实际上是吸附器官，又称附着器，其结构有吸盘型、吸槽型和吸叶型等。一般头节的顶端具有吻突，吻突上有具钩。有的吸盘或吸叶表面亦具小钩，起加强固着的作用。头节的后端为纤细的颈部，功能是产生新的体节。绦虫没有消化器官，全靠体表微毛吸收宿主营养。

线形动物门

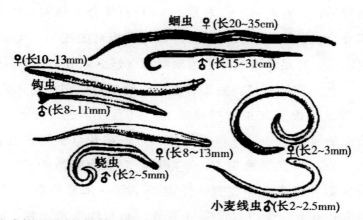

蛔虫 ♀(长20~35cm)

♀(长10~13mm)

钩虫

♂(长8~11mm)

♂(长15~31cm)

蛲虫

♂(长2~5mm)

♀(长8~13mm)

♀(长2~3mm)

小麦线虫♂(长2~2.5mm)

　　线形动物是具有假体腔的动物，是动物界中较为复杂的一个类群，原包括线虫纲、线形纲、棘头纲、腹毛纲、动吻纲、轮虫纲等。本门动物包括蛔虫、钩虫、丝虫、轮虫、棘头虫等，是两侧对称、三胚层、有假体腔、有口有肛门（棘头虫无消化管）、身体不分节、无纤毛的动物（腹毛纲具纤毛）。全世界约有 1 万余种，除自由生活外，也有的寄生于动物或植物体内。它们比腔肠动物进化，与扁形动物一样是一类特化的动物。

线形动物的特征

　　线形动物的主要特征是：身体通常为圆柱状，两头尖，不分节；体壁表层具角质层，有发达的纵肌；具假体腔；消化道不弯曲，前端有口，后端有肛门。原肾型排泄，没有呼吸和循环系统；雌雄异体、异形；分布广泛，可水生、陆生或寄生，营寄生生活的种类，如蛔虫、钩虫、蛲虫、丝虫等，对人、家畜、家禽、鱼类、植物等有危害。

环节动物门

环节动物是低等的真体腔动物，约9000多种。主要特征是：（1）体长圆或略扁平，左右对称，三胚层；（2）身体分节现象，躯干部的体节有同律分节或异律分节两种类型；（3）具成对的疣足，无疣足种类，身体着生刚毛。疣足和刚毛都是运动器官（蛭纲除外）；（4）具有真体腔；（5）消化道前端有口，后端有肛门，管壁有肌肉；循环系统发达，一般为闭管式；没有真正的呼吸器官，可通过体表、疣足、鳃进行；排泄器官是后肾管，一端开口于体腔，另一端开口于体表或肠中，按体节排列；（6）神经系统集中，呈链状，除前端脑神经节外，腹部有两条并合的腹神经索，并在腹神经索上于每一体节内有一只神经节；（7）生殖方式有无性生殖（出芽或横裂）和有性生殖两种，雌雄同体或异体；（8）分布广，水生、陆生或寄生。

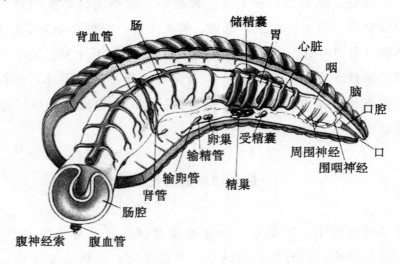

软体动物门

软体动物是没有体节的真体腔动物，是无脊椎动物中仅次于节肢动物的最大类群，现存种类 10 多万种。主要特征是：身体柔软，无体节，两侧对称。某些种类在发育过程中由于身体发生扭转而造成不对称；身体分为头、足、内脏团和皮肤扩张形成的外套膜四部分；由外套膜分泌形成贝壳 1～2 个或多个；口腔内有齿舌或颚片；出现了真体腔；血液循环多为开放式；神经系统集中为数对神经节（脑神经节、足神经节、侧神经节、脏神经节），各神经节间有神经相连接，并发出神经到全身；多具感受器；水生种类用鳃呼吸，陆生种类用"肺"呼吸；雌雄同体或异体；主要分布在海水、淡水或土壤中。

软体动物与人类的关系

软体动物与人类的关系十分密切。它们可供人类食用，许多种类具有很高的营养价值和药用价值，可用作工业或工艺品原料，还可作鱼类和禽类的饲料；有的种类为某些寄生虫的中间寄主，有害人的健康；有的种类危害农作物和经济林木；有的种类给船舶、码头造成损害，影响航行，堵塞管道。

单板纲

单板纲是海生无脊椎动物，属软体动物中较原始的一纲。具钙质单壳，壳呈帽状、笠状、匙状或低锥状、平旋状，两侧对称。壳口近圆形或近椭圆形。壳顶钝或夹，常向前方做不同程度的弯曲。壳内具多对肌痕，壳表饰以同心状纹饰或小瘤粒。寒武纪至现代化石较少。

瓣鳃纲

瓣鳃纲是软体动物门的一纲，又称双壳纲、斧足纲，淡水、海水中均有分布，已知约3万种。两侧对称，通常左右两侧具两瓣外壳和套膜，足斧状，适于在泥沙中掘行。外套膜的边缘常在体后端愈合为出水管和入水管，供水流出入。套膜腔广阔，除容纳内脏团和足外，还有4片颇大的鳃。头部退化，口内无齿舌。鳃上有纤毛挥动能造成水流，而且可帮助收集食物。排泄器官为1对稍复杂的肾。心脏常有直肠穿过，有的种类心在直肠之下。雌雄异体。海产种类经过担轮幼虫及面盘幼虫发育为成体。淡水产的蚌类常经过瓣钩幼虫发育为成体。

瓣鳃纲动物的食用价值

瓣鳃纲动物全部生活在水中，极少数为寄生（如内寄蛤、恋蛤等）。约有 2 万种，分布很广。一般运动缓慢，有的潜居泥沙中，也有的凿石或凿木而栖，少数营寄生生活。多数可食用，如蚶、牡蛎、青蛤、河蚬、蛤仔等；有的只食其闭壳肌，如扇贝的闭壳肌干制品称干贝，江瑶的闭壳肌称江瑶柱。不少种类的壳可入药，有的可育珠，如淡水产的三角帆蚌、海产的珍珠贝等。有的为工业品原料，有的可做肥料、烧石灰等。但船蛆凿食浸在海中的木材上，危害船只。凿穴蛤对海港的石灰质建筑危害甚大。

节肢动物门

节肢动物是动物界中最大的类群，现存种类约 100 多万种，占动物界 150 万种的 80% 以上。主要特征有：身体左右对称，分节，具明显异律分节现象，一般可分为头、胸、腹三部，或再愈合成头部、躯干部，或头胸部、腹部。原始种类每一体节有一对双肢型分节附肢，高等种类腹部附肢多退化。具几丁质的外骨骼和独立的肌肉束；为混合体腔，腔内充满血液；消化道具由附肢特化成的口器；有呼吸器官如鳃、气管、肺；具开放式循环系统；水生种类以肾排泄，陆生种类以马氏管排泄；具链状神经系统，感官发达；以有性生殖为主，有些种类可孤雌生殖，但不进行封锁性生殖。直接发育或有复杂的变态；生活环境极其广泛，海水、淡水、土壤、空气，以及动植物体内都有其分布。

节肢动物包括哪些动物

节肢动物包括甲壳纲（如虾、蟹）、三叶虫纲、肢口纲（如鲎）、蛛形纲（如蜘蛛、蜱、螨）、原气管纲（如栉蚕）、多足纲（如马陆、蜈蚣）和昆虫纲等。

节肢动物与人类的关系

节肢动物与人类的关系十分密切。它们是人和动物的食品；有些种类的分泌物是工业、医药的重要原料；昆虫传粉可促进农业、林业增产；肉食性节肢动物是农林害虫的天敌；许多植食性昆虫危害农林业的发展；有些节肢动物直接危害人和动物的健康。

昆虫纲

昆虫纲是节肢动物门的一纲，是动物界种类最多的类群，主要生活于陆地，分布极广泛。身体分头、胸、腹三部。头部有 1 对复眼、1 对触角及由 3 对附肢形成的口器。多种类型的口器，可适应不同的取食方式。胸部又分前胸、中胸和后胸，各着生 1 对足，大多数昆虫在胸部背面还有 2 对或 1 对翅。腹部通常为 10～11 节，较高等的昆虫中，体节数因愈合而减少。循环系统为开管式，体腔又称血腔，内脏浸浴在血液中。呼吸作用通过气管系统进行。主要的排泄器官为马氏管，呈细丝状，数目多少不等，一端为盲端，另一端开口入中肠与后肠交界处。脑的构造复杂，神经节有愈合集中现象，感觉器官很发达，有相当复杂的行为活动。雌雄异体，繁殖方式多样。发育史中，有多种类型的变态。

昆虫的种类和分布

世界上的昆虫约有100万种，约占动物界种数的80%，每年还陆续发现0.5~1万种新种，中国约12~15万种。昆虫习性奇异，分布范围很广，除海洋的水域之中以外，凡有植物生长的地域都有昆虫。昆虫大多具有强大的飞翔能力，其微小的身躯又易随气流传播，所以从赤道到两极都有它们的踪迹。

昆虫的益处与害处

一方面昆虫在农业、林业、牧业、仓储物资、建筑材料等方面会造成很大的危害，某些昆虫也能传播人、畜疾病。另一方面，某些昆虫产品可以利用，如蚕丝、蜂蜜、蜂蜡、紫胶、白蜡等；某些昆虫传播花粉，可使植物增产；食虫性和寄生性昆虫可用以防治害虫；某些水栖昆虫是鱼类食饵，也可用做环境污染的指标；某些昆虫可做食品或禽畜饲料；少数药用昆虫可以治疗疾病。

棘皮动物门

棘皮动物是无脊索的后口动物，现存种类约6000种，已记录的化石种类约2万种。主要特征是：身体为辐射对称，但在幼虫期为两侧对称；内骨骼由中胚层形成，起支持身体作用，也形成棘刺伸向体表，和原口动物由外胚层形成的外骨骼不同；有由体腔形成的水管系统，它有运动、呼吸、排泄、感觉等多种功能。棘皮动物全为海生。部分种类可食用（海澄），有的可入药，有的可做肥料，有些种类是海产养殖业的敌害。

脊索动物门

脊索动物门是动物界中最高等的一个门。现存种类7万多种。形态结构和生活方式各不相同，差异非常显著。但具有下列共同的特征：（1）胚胎期或成体具有脊索作为支持身体的纵轴，有的低等种类脊索终生存在，许多高等种类仅胚胎时期出现，成体时即由分节的脊柱所代替；（2）具有背神经管，脊索动物的中枢神经呈管状，位于脊索的背面，故名背神经管；（3）咽部具有鳃裂，低等种类成体的鳃裂，直接或间接同外界相通，当水流通过时，即在此进行气体交换，是重要的呼吸器官，高等种类鳃裂仅在胚胎时期出现，成体时消失，或转变为其他结构。

脊索动物门的亚门

脊索动物门除上述三大特征外，还有心脏位于消化道腹面，尾在肛门的后方，骨骼均由中胚层形成等特征。脊索动物门分为三个亚门，即尾索动物亚门、头索动物亚门和脊椎动物亚门。尾索动物门至今尚无可靠的化石被发现。近来有些学者将棘皮动物门中已绝灭的海桩纲独立为尾索动物亚门，并认为它与脊索动物门中其他几个亚门的祖先有关。

脊椎动物亚门

脊椎动物亚门又称有头类。具有明显的头、脑及与其相连的感觉器官。本亚门是脊索动物门中数量最多、结构最复杂、进化程度最高的类群。尽管各自有其不同的生活方式和机能结构，但都具有下列共同特征：神经和感官发达，中枢神经系统的脑分化为大脑、间脑、中脑、小脑和延脑等五部分，与脑相连的眼、耳、鼻等均发达；脊柱代替脊索成为身体的中轴，脊柱由若干脊椎骨连接形成，故名脊椎动物。除鱼类用鳃呼吸外均为用肺呼吸，同时出现双循环；除圆口类外均有成对附肢作为运动器官。现生脊椎动物亚门包括无颌纲（圆口纲）、软骨鱼纲、硬骨鱼纲、两栖纲、爬行纲、鸟纲和哺乳纲，已绝灭的有盾皮纲和棘鱼纲。

尾索动物亚门

尾索动物亚门又称被囊动物，体壁能分泌一种近似植物纤维的被囊素，形成被囊，将动物包裹在内，这是极为罕见的。尾索动物以单体或群体生活，海栖。大多数种类幼体期自由生活，具有长尾，善于游泳，尾内有脊索和神经管。经过变态发育，尾消失，成体营固着生活。本亚门有 2000 多种。

头索动物亚门

头索动物亚门又称无头动物，身体似鱼但无真正的头，终身都有一条纵贯全身的脊索，背侧有神经管，咽部具许多条鳃裂。其典型代表为文昌鱼。头索动物亚门包括文昌鱼等 30 余种海栖鱼形动物。种类虽不多，仅有头索纲一纲，但在动物学上却占有重要地位，由于它们的身上以简单的形式终生保留着脊索动物的三大基本特征，长期以来为研究脊索动物起源的学者所重视。

扁盘动物门

扁盘动物门是动物界的一门，仅有丝盘虫一种。体扁平，腹面略凸出，直径一般不超过 4 毫米，无口和其他器官。体表为一层具鞭毛的上皮细胞，内部充满实质组织，其中含许多变形细胞。通过上皮细胞吞噬微小有机颗粒或行体外消化。运动方式同变形虫，亦可借助鞭毛摆动爬行。无性生殖为分裂、出芽生殖。西德学者 K. G. Grell 发现了丝盘虫的有性生殖并观察到受精卵的发育，否定了它是腔肠动物的一种畸形幼虫的看法而建立扁盘动物门。但由于此类动物仅发现 1 种，作为门的阶层，尚未得到普遍承认。

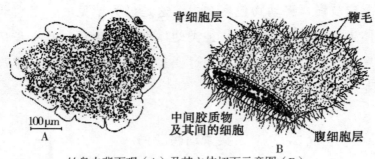

丝盘虫背面观（A）及其立体切面示意图（B）

腕足动物门

　　腕足动物门是动物界的一门，通常分为无铰纲和具铰纲两纲。单体，直接或以长柄固着生活于浅海底。化石种类很多，已被描述过的腕足类（包括化石种和现生种）约3万种，其中现存者约300种。体外具2个壳片，背壳小腹壳大，也由两片外套膜分泌形成，很像瓣鳃纲动物。腕足动物的背腹壳并不对称，而每瓣壳则是左右对称的，以总担（又称纤毛环）拨动水流获取食物，总担占有大部分套膜腔，内脏在其后部。无明显头部。真体腔发达，心脏在背面，循环系统为开管式。肾管1对或2对，兼有生殖导管的功能。神经系统集中于食道周围，包括1个小的肠上神经节及1个大的肠下神经节，发出分支的神经。有发达的肌肉控制壳片和柄的活动。

腕足动物的延续

　　腕足动物自寒武纪开始出现，晚古生代达到全盛，中生代大量减少，仅有少数种类延续至现代。中国的腕足动物化石分布广泛，数量丰富，其中不少属种分布广、演化快，因而成为进行古生代地层划分和对比的重要标准化石。

腕足动物化石

正形贝目

正形贝目是一类已绝灭的海生无脊椎动物，属腕足动物门具铰纲一目。壳体圆或半椭圆，双凸、平凸或颠倒型。铰合线直长。铰合面发育，三角孔洞开，少数具假窗板。具腕基及铰板，有时有齿板或匙形台。主突起显著，多简单，偶有分叉或缺尖。肌痕发育。无疹或具疹，偶为假疹。壳面多具放射壳饰。自寒武纪出现至二叠纪灭绝。

海豆芽

海豆芽属无铰纲海豆芽科的一种腕足动物。形似黄豆芽，以长约7～10厘米的柱状肉质柄部固着于海边的泥沙中，柄可随潮水涨落而伸缩。柄的上方为背腹扁平的身体，外有两片表面光滑的几丁质壳片，壳为外套膜分泌而成，绿色，上有明显的生长线。背壳较短，基部圆形，腹壳则较尖，外套膜的边缘有刚毛，可激动水流获得新鲜海水及食物微粒。雌雄异体。发育过的幼虫类似担轮幼虫。海豆芽在5亿多年前的寒武纪即已出现，为著名的活化石。

鱼 类

鱼类是最古老的脊椎动物。它们几乎栖居于地球上所有的水生环境——从淡水的湖泊、河流到咸水的大海和大洋。鱼类是终生水栖的脊椎动物。鱼类的主要特征是：（1）体外大都有鳞片；（2）用鳃呼吸；（3）有奇鳍和偶鳍，鳍是运动器官；（4）心脏——心耳——心室，单循环；（5）只有内耳，有3个半规管；（6）体温不恒定。

鱼类的呼吸

在脊椎动物中，只有鱼类和圆口纲是终生用鳃呼吸的水生动物，鱼类除用鳃呼吸外，还有辅助呼吸的器官，如泥鳅等利用肠吞入气体进行肠呼吸；弹涂鱼、鲇鱼等能进行皮肤呼吸；黄鳝等能利用口腔呼吸；乌鱼、胡子鲇等能进行褶鳃呼吸；肺鱼等用鳔呼吸。

软骨鱼和硬骨鱼

现存鱼类可分为软骨鱼和硬骨鱼两大类。软骨鱼有一副完全由软骨组成的骨架，并由钙加固。这类鱼主要是鲨鱼和鳐目鱼。硬骨鱼有一副骨骼，这类鱼中有原生的硬骨鱼，骨骼中只有一部分是硬骨。海鳝、鳎和刺盖鱼为硬骨鱼的代表，它们虽然外形各异，但都有极对称的尾鳍，并覆盖着细小的鳞片（只有少数例外，包括鳗鲡和一些鲤鱼）。硬骨鱼分为几类：鳗鲡类是一些幼体看上去与成体差异很大的鱼。鲱鱼类是一些过着群居生活的鱼。鲤鱼类包含几乎所有的淡水鱼。河鲈和金枪鱼类是尾鳍有坚硬的辐条支撑的鱼类，它们被称为"刺鳍类"，构成硬骨鱼类中最大的类群。

鱼类与人类的关系

鱼类除供食用外，还可用做农业、养殖业、医药、工业等多方面的原料。有些鱼类有毒或为凶猛的食肉性鱼，或是某些寄生虫的中间寄主，对人和动物或渔业生产都有危害。

鱼类的药用价值

世界上现存的鱼类约 2.4 万种。在海水里生活者占 2/3，其余的生活在淡水中。中国约有 2500 种，其中可供药用的有百种以上，常见的药用动物有海马、海龙、黄鳝、鲤鱼、鲫鱼、鲟鱼、大黄鱼、鲨鱼等。另外，还常用做医药工业的原料，例如鳕鱼、鲨鱼或鳐的肝是提取鱼肝油（维生素 A 和维生素 D）的主要原料。从各种鱼肉里可提取水解蛋白、细胞色素 C、卵磷脂、脑磷脂等。河豚的肝脏和卵巢里含有大量的河豚毒素，可以提取出来治疗神经病、痉挛、肿瘤等病症。大型鱼类的胆汁可以提制"胆色素钙盐"，为人工制造牛黄的原料。

两栖类

两栖纲属于脊椎动物亚门。具有水生脊椎动物与陆生脊椎动物的双重特性。它们既保留了水生祖先的一些特征，如生殖和发育仍在水中进行，幼体生活在水中，用鳃呼吸，没有成对的附肢等；同时幼体变态发育成成体时，获得了真正陆地脊椎动物的许多特征，如用肺呼吸，具有五趾型四肢等。两栖类动物约有4000多种，常见的如大鲵，俗称"娃娃鱼"，以及蛙类等。

两栖类是从水生到陆生的过渡类群，约3000种（亚种），我国约有210种，分属于无足目（鱼螈等）、无尾目（青蛙等）和有尾目（蝾螈等）。主要特征：（1）皮肤裸露，富于腺体，有辅助肺呼吸的功能；（2）有五趾型四肢（少数种类无足）；（3）心脏为二心房一心室，有不完全的双循环途径；（4）成体用肺呼吸；（5）卵生，体外受精，幼体水生，有鳃和侧线，经变态发育成成体，可水陆两栖；（6）神经调节不完善，体温不恒定。两栖类中绝大多数有益于人类，如消灭田间害虫、供人食用、药用、科学实验等。

迷齿亚纲

迷齿亚纲是两栖纲的一亚纲，因其牙齿和总鳍鱼类相似，齿冠的珐琅质褶皱在横切面呈迷路构造而得名。头部低平，覆有坚硬的骨甲，故又名坚头类。最早的化石代表为产于格陵兰上泥盆纪的鱼石螈。已经出现了四肢，但仍具有与总鳍鱼相似的一些特征，如鳃盖骨系统和尾鳍等，是介于总鳍鱼类和两栖类之间的过渡类型，两栖类起源于总鳍鱼类。泥盆纪陆地面积扩大，气候干旱，生活于水中的许多鱼类灭绝，而某些总鳍鱼类因具有内鼻孔，有能进行呼吸的肺及强大的偶鳍，适应了环境的改变，到陆地上生活，演变成两栖类。原始两栖类的出现标志着脊椎动物趋向陆地生活的开端，并进一步进化为较高等的爬行动物。迷齿类动物最早出现于泥盆纪晚期，石炭纪及二叠纪大量繁衍，三叠纪逐渐衰亡。中国的山西、新疆三叠纪均发现迷齿类动物散碎骨片化石。

爬行类

爬行动物是真正的陆生脊椎动物，约 5700 种，我国约有 315 种。分属于喙头目、龟鳖目、鳄目和有鳞目。主要特征：（1）陆生爬行，少数种类后生入水或穴居；（2）体被表皮形成的鳞片或真皮形成的骨板，缺乏皮肤腺体；（3）四肢强大，趾端有爪，适于爬行；（4）用肺呼吸，后肾排泄尿酸，有肾外排泄器官；（5）心脏二心房一心室，室间具不完全的膈膜。血液循环为不太完全的双循环；（6）雄体有交配器；雌体产生羊膜卵，体内受精、陆地繁殖；（7）体温不恒定。

爬行动物的起源

根据经典的观点，爬行类是从距今约 3 亿年前的石炭纪的迷齿类两栖动物演化来的。到石炭纪末期，地球上的气候曾经发生剧变，部分地区出现了干旱和沙漠，使原来温暖而潮湿的气候变为干燥的大陆性气候——冬寒夏暖。植物界也随着气候的变化而改变，裸子植物大量出现，致使很多古代两栖类绝灭或再次入水，而具有适应于陆生结构（如角质化发达的皮肤，完善的肺呼吸系统等）以及羊膜卵的古代爬行类则能生存并在斗争中不断发展，并将两栖类排挤到次要地位，到中生代几乎遍布全球的各种生态环境，所以常称中生代为爬行动物时代。

爬行动物的生态习性

爬行动物是第一批真正摆脱对水的依赖而真正征服陆地的脊椎动物，可以适应各种不同的陆地生活环境。它们以穴居为主，也有次生水生种类，如龟鳖类、鳄类。由于摆脱了对水的依赖，爬行动物的分布受温度影响较大而受湿度影响较少，现存的爬行动物大多数分布于温带、亚热带、热带地区，寒带种类较少。在干旱地区生活的爬行类耐旱性非常强，它们可以连续数日不喝水，只靠食物和水维持身体所需。它们排出的尿是干硬的尿酸碱，水分则被膀胱、输尿管和大肠大量重吸收，这样就减少了水分的排出。

爬行动物的繁殖

爬行动物成为真正的陆生动物，关键在于其生殖和发育摆脱了对水湿环境的依赖。由于雄性具有交配器，其精子可直接被送入雌体，进行体内受精。产出的卵具有坚韧且能防止干燥的卵壳，胚胎发育时有胎膜和羊水出现，所以爬行动物都是把卵产到陆地上。龟鳖类虽然长期生活在水中，它们的卵却仍要产到岸边沙滩中。龟鳖类、鳄类都产卵，蜥蜴和蛇类也产卵。在繁殖季节，雄体和雌体都会分泌出有强烈气味的分泌物，以吸引异性。

爬行动物的活动规律

爬行类还不能主动控制体温，因为陆地温度变化大，它们会通过调节活动规律来适应温度的变化。气温较低时，它们的活动量会减少，有的种类到冬季会冬眠，以躲避严寒，保持体内的热量。而在酷夏，有的种类也需要蛰眠。有的在炎热的中午会攀上高枝，张嘴歇息，躲避地表的高温；有的则隐藏在岩缝或阴凉处，伏身闭目；有的也会改变活动时间，在晨昏比较凉爽的时候活动。爬行类动物清晨比较喜欢晒太阳，借以提高体温。高寒环境的种类，身上的黑斑较多，可以吸收辐射热量来维持体温。

爬行动物的价值

大多数爬行动物对人类是有益的，其鳞片、骨板可加工成工艺品、药品，皮可制革、肉可食，毒液制药，多数蛇类以鼠为食，蜥蜴、壁虎以昆虫为食，有益于农业生产。毒蛇对人、畜的安全有威胁。

鸟　类

鸟纲是脊椎动物门的一纲。是体表被覆羽毛、前肢变成翅膀、恒温、卵生的高等脊椎动物。鸟类与爬行类有许多相似特征，如皮肤干燥缺乏腺体；都具角质鳞，而且羽毛也是角质化产物；都具单个枕髁；都产富卵黄的大型羊膜卵；尿的主要成分是尿酸等。鸟类和哺乳类都是高等脊椎动物，具有许多进步性特征，如高而恒定的体温；心脏二心房二心室，完全双循环；发达的神经系统和感官；有复杂的繁殖行为，后代的成活率较高等。鸟类适应飞翔生活，具有许多特化性状，如体被羽毛，身体呈流线型；前肢特化为翼；骨骼坚而轻并多有愈合，具有与肺相连的气囊，辅助完成双重呼吸等。鸟类的种数仅次于鱼类，全世界现存鸟类有 9012 种，中国有 1200 种。

鸟纲的分类

鸟纲可分两个亚纲：（1）古鸟亚纲，只包括始祖鸟一属；（2）今鸟亚纲，包括白垩纪到现代的所有化石和现生鸟类。其头部骨骼愈合，颞孔退化。骨盆和脊椎愈合成为整体，胸骨发达，为强大胸肌的支点，前肢骨愈合，长的尾骨退缩。今鸟亚纲再分为：（a）齿颌超目为白垩纪的一些有牙齿的鸟，如黄昏鸟、鱼鸟等。它们颌骨有齿，肋骨无钩状突，胸骨不具龙骨突或龙骨突极弱，掌骨不并合；（b）平胸总目包括鸵鸟等一些善走而不能飞的鸟类，它们翼部退化，胸骨无龙骨突起，故称平胸类，中国北方第四纪土状堆积中多处发现鸵鸟骨骼或鸵鸟蛋化石；（c）企鹅总目；（d）今颌超目或突胸总目为鸟纲中最大的一个超目，共分 24 目 174 科，翼部发达，胸骨具龙骨突起，故称突胸类。

鸟类的羽毛与飞翔

鸟的前肢覆盖着初级与次级飞羽和覆羽，从而变成有助于飞翔的构造，尾羽能在飞翔中起定向和平衡作用。现代鸟类无牙齿，尾骨退化，无膀胱，可减轻体重。骨腔内充气，头骨、下部脊椎和骨盆愈合，鸟体坚实而轻便，这样可以提高飞行效率。

鸟类的生存条件

鸟类具有很多特殊的适应能力，能够在各种不同的环境中生活。鸟类的食性可分为食肉、食鱼、食虫和食植物等类型，还有很多居间类型和杂食类型。有些种类的食性因季节变化、食物多寡、栖息地特点以及其他条件而异。

鸟类的繁殖

鸟类性成熟期为 1～5 年，很多鸟类到性成熟期表现为两性异型。繁殖期间绝大多数种类成对活动；有些种类多年结伴；有的种类一雄多雌；少数种类一雌多雄。成对生活的鸟类雌雄共同育雏，一雄多雌的鸟类大都由雌鸟育雏，一雌多雄的鸟类由雄鸟育雏。鸟类在体内受精，卵生，具有营巢、孵卵和育雏等完善的繁殖行为，这样大大提高了子代的成活率。

鸟类的迁徙

鸟类在不同季节会更换栖息地区，或是从营巢地移至越冬地，或是从越冬地返回营巢地，这种季节性现象称为迁徙。鸟类因迁徙习性的不同，可分为留鸟、夏候鸟、冬候鸟、旅鸟、迷鸟等几个类型。鸟类的迁徙通常在春秋两季进行。秋季迁徙为离开营巢地区，速度缓慢；春季迁徙由于急于繁殖，速度较快。

哺乳类

哺乳动物身体被毛；体温恒定；胎生（单孔类例外）和哺乳；心脏左、右两室完全分开，左心室将鲜血通过左动脉弓泵至身体各部；脑颅扩大，脑容量增加；中耳具有 3 块听小骨；下颌由 1 块齿骨构成，与头骨为齿—鳞骨关节式；牙齿分化为门齿、犬齿和颊齿；7 个颈椎，第 1、2 颈椎分化为环椎和枢椎。兽类是动物界进化地位最高的自然类群，除南极、北极中心和个别岛屿外，几乎遍布全球，现存 19 目 123

科 1042 属 4237 种。中国有 11 目，都是有胎盘类。中国北方属古北界，哺乳纲的代表科有鼠兔科、河狸科、鼹鼠科、跳鼠科、睡鼠科，南方属东洋界，代表科有长臂猿科、懒猴科、大熊猫科、灵猫科、鼷鹿科、穿山甲科、狐蝠科、象科、猪尾鼠科、竹鼠科等。哺乳纲的先进性表现在：脑高度发达；恒温、哺乳。

哺乳纲又称哺乳动物或兽类，是脊椎动物中最高等的类群，起源于中生代早期的古爬行动物。在漫长的演化过程中，形成了一系列进步性状，主要有：（1）神经和感觉器官高度发达，大脑皮层特别发达，逐步形成高级神经活动中枢，视觉、嗅觉和听觉高度灵敏；（2）代谢水平提高，具备完善有效的消化吸收结构和高效率的呼吸机制，具有完备的双循环，体温恒定；（3）运动能力增强，肢体能将身体举离地面，行动迅速，利于捕食和逃避敌害；（4）生殖方式完善，胎儿在母体内生长发育，出生后用乳汁哺育，提高了亲体对幼体的保护和抚养能力，保证后代健壮，促进社群行为发展。

哺乳动物的分类

全世界现存哺乳动物约有 4200 余种，中国有 410 余种，分为：（1）始兽亚纲为三叠纪及侏罗纪非常原始的哺乳动物，包括梁齿目和三锥齿兽目，中国云南禄丰三叠纪地层产中国锥齿兽即属此类；（2）原兽亚纲仅包括单孔目，以现生鸭嘴兽类为代表，化石也不多，只见于更新世，均分布于大洋洲；（3）异兽亚纲为哺乳动物早期进化的一个旁支，只包括多瘤齿兽目，生存于侏罗纪至始新世。

哪些动物属于哺乳动物

常见的哺乳动物有：虎、狼、鼠、鹿、貂、猴、貘、树懒、斑马、狗、狐、熊、象、豹子、麝牛、狮子、小熊猫、疣猪、羚羊、驯鹿、考拉、犀牛、猞猁、穿山甲、长颈鹿、熊猫、食蚁兽、猩猩、海牛、水獭、灵猫、海豚、海象、鸭嘴兽、刺猬、北极狐、无尾熊、北极熊、袋鼠、犰狳、河马、海豹、鲸鱼、鼬等等。鸭嘴兽是一种特别的哺乳动物，它不是胎生而是卵生，但仍划为哺乳动物。人类是高等哺乳动物。

二、鸟 类

始祖鸟

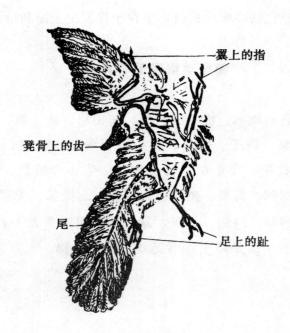

翼上的指

凳骨上的齿

尾

足上的趾

始祖鸟化石

　　始祖鸟是一种已经灭绝的早期鸟类，迄今已经发现了 6 个化石，而且保存完好，这也是最早的鸟类化石。最初发现于德国上侏罗纪，距今已有1.5 亿年了。始祖鸟的第一个化石标本是在达尔文发表《物种起源》之后两年的 1862 年发现，是在德国巴伐利亚索伦霍芬附近的印板石灰岩中。始祖鸟的发现似乎证实了达尔文的理论，并从此成为恐龙与鸟类之间的关系性、过渡性化石及演化的重要证据。

雕

雕一向被看做是鸟中之王，的确如此。雕有着捕猎者典型的身材和特征。它们总是能轻易地抓获猎物。那双炯炯有神的向前直视的眼睛和吓人的钩嘴以及尖利的锐爪，是它捕猎成功的秘密所在。雕总是飞得很高，它们一定是出于爱好才飞得那么高，因为高飞对于捕猎并没有什么好处，它们所捕食的对象一般到不了那样的高度。从那么高的地方，它是如何看见地上的老鼠的呢？要知道，雕的视力非常敏锐，其清晰度是人眼的8倍。雕的主要食物是啮齿类动物和兔子，西班牙卡索拉高地的金雕甚至能够攻击和叼走小山羊。

"雕中之王"——金雕

金雕被称为"雕中之王"。它是一种大型的猛禽。雌雕又要比雄雕大一些，它那宽大的双翅翼展可以达2.5米左右。金雕是强壮的飞行者，它们能够毫不费力地借助气流在高空翱翔，用眼睛紧盯着下面的猎物。金雕采用向下俯冲的方法捕捉猎物，金雕向下俯冲的速度很快，这一过程看上去似乎很简单，然而里面却有许多微妙之处。向下俯冲时既要盯住捕捉对象，又不能惊跑它，才能准确地捕捉到猎物。

金雕的生态习性

金雕是北半球上一种广为人知的猛禽，以其突出的外观和敏捷有力的飞行而著名。金雕生活在草原、荒漠、河谷，特别是高山针叶林中，最高达海拔 4000 米以上。秋冬季节也常到林缘、低山丘陵、荒坡地带活动或觅食，主要捕食野兔、旱獭、雉鸡、鹑类、雁鸭类等。有时也攻击狍、野猪幼体等动物，也吃大型动物尸体。种群数量稀少，约 4～6 只，目前已列入俄罗斯、日本珍稀濒危动物红皮书，属国家一级重点保护鸟类。

能捕狼的金雕

金雕是体态最为雄伟壮美的猛禽，古巴比伦王国和罗马帝国都曾以金雕作为王权的象征。在我国忽必烈时代，强悍的蒙古猎人盛行驯养金雕捕狼。时至今日，金雕还成了科学家的助手，它们被驯养后用于捕捉狼崽，供科学家们研究狼的生活习性。当然，在放飞金雕前要套住它的利爪，这样才不至于把狼崽抓死。据说，有一只金雕，曾捕获 14 只狼，它的凶悍程度简直令人瞠目。

金雕并非金色的雕

金雕，根据希腊语的名字直译为金色的鹰，但它并非是金色的雕。说它是金色的，可能是因为它的头和颈后的羽毛在阳光照耀下反射出的金属光泽，它全身的羽毛呈栗褐色，跟金色相距甚远。金雕体长近1米，体重6千克左右，是雕中最大的一种，它们的腿除脚趾外全被羽毛覆盖，看上去确实威武雄壮。

金雕猎食

金雕飞行速度非常快，捕猎方式更是灵活机智。在搜索猎物时，金雕是不会快速飞行的，它们在空中缓慢盘旋，一旦发现猎物，便直冲而下，准确地抓住猎物后便扇动双翅，以闪电般的速度飞向天空。刚刚出窝的狼崽经常遭到这种突然袭击，待母狼赶来营救已为时过晚。在空中，金雕也能随心所欲地捕食，有人曾这样描绘金雕从地面冲上天空，捕食飞过的野鸡的情形："金雕冲上天空，当飞到野鸡下方时，突然仰身腹部朝天，同时用利爪猛击野鸡。野鸡受伤后直线下落，千钧一发之际，金雕翻身俯冲而下，把下落的野鸡凌空抓住。一场惊心动魄的飞行表演至此结束。"

玉带海雕

玉带海雕是一种大型猛禽，全长约 90 厘米，体重 2500～3760 克，是一种候鸟。在我国又称为黑鹰、腰玉，广泛分布于我国西部高原，在国外分布于亚洲中部、尼泊尔、巴基斯坦、伊拉克、印度、缅甸等地。它们体形巨大，翼展达 2 米。它们特别爱吃旱獭幼崽和鼠兔。它们常静栖在距旱獭洞和鼠兔洞十几米的地方，当猎物探头出洞四处张望时，硕大的玉带海雕便猛扑过去。因为起飞时的声响非常小，它们捕食的成功率非常高。玉带海雕的尾羽黑褐色，尾羽中部还有一条白色的宽带。玉带海雕的尾羽是非常珍贵的羽饰，因此它常遭到人们捕杀。玉带海雕在我国很稀少，1963～1969 年青海鸟类调查中，在玉带海雕分布较集中的青海湖、玉树等地，也只能见到两三只，但在以后的多年对青海、西藏的鸟类调查中，很难见到。

白尾海雕

白尾海雕又称黄嘴雕、芝麻雕，是一种迁徙候鸟，大小与玉带海雕相近，尾羽是纯白色的，非常显眼。白尾海雕生活在沿海地区，繁殖于内蒙古东北部海拉尔和黑龙江省，冬季在长江以南越冬。白尾海雕主要以鱼为食，常在水面低空飞行，发现鱼后用利爪伸入水中抓捕。此外，它们也捕食鸟类和中小型哺乳动物，如各种野鸭、大雁、天鹅、鼠类、野兔、狍子等，也吃腐肉和动物尸体。白尾海雕的食量很大，但它们也很耐饥饿，它们可以 45 天不吃食物而安然无恙。白尾海雕习性懒散，有时几个小时蹲立不动。飞行时振翅缓慢，高空翱翔时两翼弯曲略向上。白尾海雕的全身羽毛几乎都有经济价值，翼羽、尾羽可制扇，尾下覆羽可做装饰羽。白尾海雕和玉带海雕在我国都很稀少，已列为国家二类保护动物。

白头海雕

白头海雕又名美洲雕，也称秃鹰，是最著名的一种海雕。其实，秃鹰的叫法是不科学的，因为它全身羽毛丰满，无秃可言。白头海雕是一种大型猛禽，一只完全成熟的白头海雕，体长可达 1 米，翼展可达到 2 米多长。白头海雕只生活在北美。18 世纪，美国国会将白头海雕定为国鸟。从那时起，美国的国徽和军服上全都印有白头海雕脚握橄榄枝的图案。

白　鹳

白鹳又称东方白鹳、老鹳，是一种比较大的候鸟。白鹳体形修长，体长约 120 厘米，翅长 60 厘米以上；嘴长而直，可达 21 厘米；颈与腿亦长。身体几乎为纯白色。肩羽、翼上大覆羽、初级覆羽及飞羽均呈灰黑色，大部分飞羽外羽呈银灰色。眼乳白色，外轮黑色；嘴黑色，下嘴腹面红色；眼周及颊部裸区红色。雌雄羽色相同。眼周、颊部裸区及腿脚均为红色。虹膜淡黄色外圈黑色，白鹳是德国的国鸟。

白鹳的迁徙

白鹳分布于我国东北、河北、长江下游以至福建、广东及台湾。国外见于欧洲、非洲、中亚、南亚（印度）和东亚（日本）等。它们栖息于开阔的沼泽和潮湿的草地。步行时举步缓慢，常常喜欢一足站立。飞行慢，每年春季，它们从非洲的越冬地飞回到它们在欧洲的繁殖区。白鹳避开了广阔的水域，越过大陆，绕过地中海，飞向西方和东方，准时到达它们在莱茵河流域、德国北部平原、奥地利、匈牙利以及更远的东部平原的繁殖地。白鹳4月产卵，每窝产卵4枚，孵化期30～32天，幼鸟55～60日龄可飞出巢外，10月集群，11月南迁，在开阔的浅水中或滩涂盐蒿丛中集群过夜，第二年3月下旬北返。

白鹳的生态习性

白鹳爱吃的东西很多，主要有青蛙、昆虫、鱼、蚯蚓、爬行类小动物和啮齿类小动物。在非洲的越冬区生活时，它们还吃非洲蝗虫。白鹳不仅跟随割草机，还常常跟在运草车后面寻找食物，在这里它经常捉到肥胖的田鼠。白鹳喜欢在老树和居民屋顶上筑巢，和人类友好相处。

鹭

苍 鹭

    苍鹭又名老等、灰鹳、青桩，为鹭科中最大的一种，体形高大，体长约90厘米。体羽大部为灰色，头羽白色，头侧及枕部饰羽黑色，颈羽灰白色，前颈具2～3条黑色纵线，下颈有白色矛状羽，背部和尾羽苍灰色，初级飞羽黑色，覆羽洁白如玉。幼鸟上体富有浅灰色，饰羽很短或全缺，下体白色，带黑色细纵斑，眼金黄色。苍鹭栖息于湖泊岸边或沼泽地带，常常一动也不动地站立在有浅水的地方，等待捕食鱼类，所以就得到了"老等"这个名字。它们的体羽会随季节而变化。

苍鹭的生态习性

苍鹭为候鸟或地方性留鸟。它们常常栖息于湖泊岸边或沼泽地带，长时间静静地站立在浅水中，等到小鱼游近，它就快速伸颈啄捕，因而被叫做"长脖老等"或"老青桩"。繁殖期间，它们会集群营巢在离水不远的大树上，它们的巢很大却很简陋，成浅盘状，由小树枝、杂草等物构成。一窝产卵3～5枚，卵为绿色，在巢周围地面上可见有被挤落而致破碎的卵。苍鹭的冠羽及胸部、肩间的羽毛都可做装饰用。动物园常饲养用于观赏。

池　鹭

池鹭的体形略小，仅有47厘米左右，翼白色，身上有褐色的纵纹。它们栖息于稻田或其他漫水地带，单独或分散小群觅食。每晚三两成群飞回群栖处，飞行时振翼缓慢，与其他水鸟混群筑巢。常见于华南、华中及华北地区的水稻田和池塘。池鹭优雅的外表和白色的羽毛，为人们所喜爱，是常见的野外观鸟。

鹗

红角鹗

红角鹗是一种小型鹗类，比鸽子还小一些。上体褐色，有黑色和黄褐色斑，后头部有黄白色斑，下体淡褐色有暗褐色纵纹，头上有两簇小型耳羽。它们栖息于山地林间，以昆虫、鼠类、小鸟为食。筑巢于树洞中，每窝产卵多为4枚，白色。纯夜行性的小型角鹗，喜有树丛的开阔原野。它们双翅展合有力，飞行迅速，能在林间无声地穿梭。视听能力极强，善于在朦胧的月色下捕捉飞蛾和停歇在草木上的蝗虫、甲虫、蜕螂等昆虫。遍布我国东北、河北、陕西、甘肃等地，为留鸟。

黄嘴角鹗

黄嘴角鹗体小，茶黄色，体长仅18厘米。眼黄色，嘴奶油色，无

明显的纵纹或横斑，仅肩部具一排硕大的三角形白色斑点。头骨较横阔，宽约等于长的 2/3，面盘或存或缺，存在时几呈圆形，脚强健有力，常全部被羽，尾圆形。栖息于海拔 1000～2500 米的潮湿热带、亚热带山林中，野外夜间常可听见它们的叫声，如果模仿它的叫声，它还会应答。可消灭鼠害，对农林有益。

领角鸮

领角鸮是小型猛禽。全长 25 厘米左右，体偏灰或偏褐色，具明显簇羽及特征性的浅沙色颈圈。大部分夜间栖于低处，除繁殖期成对活动外，通常单独活动。白天多躲藏在树上浓密的枝叶丛间，晚上才开始活动和鸣叫。鸣声低沉，为"不、不、不、不"的单音，常连续重复 4～5 次。飞行轻快而无声。主要以鼠类、甲虫、蝗虫和鞘翅目昆虫等为食，常从栖处跃下地面捕捉猎物。分布可至海拔 1600 米，包括城郊的林荫道。为常见的野外观鸟，可消灭鼠害，对农林有益。

草 鸮

草鸮为中等体形的鸮类，夜行性猛禽。头大，眼大向前，眼周有辐射状排列的羽毛形成面盘；喙坚强而钩曲锐利，嘴基具蜡膜；听觉十分敏锐，耳孔大，其周围具发达耳羽；脚强健有力，第四趾能前后转动，爪锐利。面盘心形，脸及胸部的皮黄色色彩甚深，上体深褐，全身多具点斑、杂斑或蠕虫状细纹。草鸮生活于山地灌木丛中，羽毛柔软，飞行无声，昼伏夜出。以野鼠、蛙、蛇和鸟卵等为食。通常在草丛中产卵，每窝 4～5 枚，白色。留鸟或冬候鸟。可消灭鼠害，于农林有益。

雕鸮

雕鸮俗名大猫头鹰、老兔、猫头鹰、夜猫、大猫王等，是大型鸮类，体长约0.5米，体褐色，有黑斑纹，耳羽甚长，尾短、翼宽；下体有黑纵斑，胸部斑比腹部斑宽大。它们性情凶猛，单独活动。繁殖期为4～7月。在树洞中、悬崖峭壁下面的凹处筑巢，或者直接产卵在地面上的凹处，巢内无铺垫物，或仅有稀疏的绒羽。每窝产卵2～5枚，由雌鸟孵卵，孵化期35天。留居于我国东北、河北及山西等地。

褐林鸮

褐林鸮是中型猛禽。全长约50厘米，全身满布红褐色横斑，无耳羽簇，面盘分明，上戴棕色"眼镜"，眼圈黑色，眉白。下体淡棕黄色，具褐色或淡褐色横纹，胸淡巧克力色，上体棕褐色。上背中间杂以淡色细横斑。昼伏夜出，野外难得一见。栖息于山地森林中，以鼠类、昆虫为食，筑巢于栎树等天然树洞中。白天受到惊扰时体羽缩紧如一段朽木，眼半睁以观动静。它们在黄昏出来捕食，之前配偶间会相互以叫声相约。属于国家二级保护动物。

长耳鸮

长耳鸮别名长耳猫头鹰、夜猫子，中型猛禽。全长38厘米左右。上体黄褐色，有密集的黑褐色斑，下体淡色有黑褐色纵斑，耳羽长。栖于低山地带，平原森林中，白天隐伏于树上，黄昏以后出动觅食。以昆虫、鼠类、小鸟为食。我国民间称之为"夜猫子"，并把它认为是不吉祥的象征，实际上，它捕鼠有功，是一种有益的鸟，应加以保护。

短耳鸮

短耳鸮与长耳鸮外形十分相似，但比长耳鸮色较淡，下体淡色有十字形黑褐色纹，耳羽较小。栖于平原、耕地、草原等地，平时潜伏于草丛间，夜间觅食，以啮齿类动物为主，白天以昆虫为食。繁殖于我国北方，越冬时遍及全国，对农业有益。

鸺鹠

鸺鹠是我国南方普遍分布的一种小型鸮类，它的整个上体以棕褐色为主，密布有狭细的棕白色横斑，翅及尾羽黑褐色，在尾羽上有六条鲜明的白色横带，头部不具耳羽，这些特征使它很容易与红角鸮区别开来。鸺鹠是昼夜活动，因而白天在林中也很容易遇到它，为我国南方留鸟。主要以昆虫为食，也吃鼠类及青蛙等。

秃鹫

　　秃鹫又名座山雕，它们的数量很多，由于像雕一样大小，十分强健，翅膀的形状也和雕的十分相似，甚至有着同样锐利的眼睛，有着同样的力量。但是秃鹫的嘴却全然不同于雕。由于它不杀生，所以，不像雕那样有一张善于撕食的嘴，秃鹫的爪子也和典型的猛禽的爪子不同，嘴和爪是猛禽最突出的特点。秃鹫的嘴虽然强健有力，但只和死物接触；秃头，可以使它把头伸到尸体内撕食内脏而不沾上太多的血。由于秃鹫常常需要在树枝上歇息，或是在地面上站稳，它的爪子三趾向前伸，一趾向后，爪尖并不锋利，而是平的，但很有力，善于抓住树枝或在尸体旁站稳，以便它紧守在尸体旁撕食、开膛。

滑翔的秃鹫

　　在猛禽中，秃鹫的飞翔能力是比较弱的，但聪明的秃鹫找到了一种节省能量的飞行方式——滑翔。这些大翅膀的鸟儿，在荒山野岭的上空悠闲地漫游着，用它们特有的感觉，捕捉着肉眼看不见的上升暖气流。它们就是依靠上升暖气流，舒舒服服地连续升高，飞向更远的地方。

秃鹫的生存状况

秃鹫形态特殊，可供观赏，其羽毛有较高经济价值。在牧区，秃鹫受到民间保护，但20世纪90年代以来常有人捕杀制作标本，作为一种畸形的时尚装饰。中医传统理论认为秃鹫除去内脏和羽毛，取肉和骨骼，肉有滋阴补虚的功能；骨有软坚散结的功能，治甲状腺肿大。加上秃鹫本身繁殖能力较低，使秃鹫的数量急剧减少，现已被列入国家重点保护野生动物名录，属国家二级保护动物。国际鸟类保护委员会将秃鹫列入了世界濒危鸟类红皮书。

蜂　鸟

生活于南美洲的蜂鸟是最小的鸟类，而缨冠蜂鸟和小翠蜂鸟则是世界上最小的两种蜂鸟之一。它们的体长不超过5厘米，体重不到2克。蜂鸟身体很小，能够通过快速拍打翅膀而悬停在空中，其速度可达每秒15～80次。蜂鸟在拍打翅膀时，会发出嗡嗡声，因此得名。

蜂鸟的神话

全世界的蜂鸟已知有300多种，其中大多数生活在南美洲的热带雨林里。有一种吸蜜蜂鸟，它的体长只有5.6厘米，其中喙和尾部约占一半，体重仅2克左右，其大小和蜜蜂差不多，是世界上体形最小的鸟，它的卵也是世界上最小的鸟卵，比一个句号大不了多少。蜂鸟的羽毛大多十分鲜艳，并且闪耀着金属光泽。又因为飞行本领高超，可以倒退飞行，垂直起落，翅膀振动的频率快，所以有"神鸟""彗星""森林女神"和"花冠"等美妙的名字。蜂鸟在美洲阿兹特克的神话中被当做太阳神，也是战争之神。

美丽的蜂鸟

蜂鸟体态娇美，色彩艳丽。精雕细琢的精品也无法同这大自然的精灵媲美。小蜂鸟是大自然的杰作：轻盈、敏捷、优雅、华丽的羽毛——这小小的宠儿应有尽有。它身上闪烁着绿宝石、红宝石、黄宝石般的光芒，它从来不让地上的尘土玷污它的衣裳，而且它终日在空中飞翔，只不过偶尔擦过草地；它在花朵之间穿梭，以花蜜为食。在19世纪，欧美妇女常用蜂鸟的羽毛作为帽饰，还有商人收购蜂鸟皮，蜂鸟的生存受到很大威胁。在现代社会中，随着森林的砍伐、耕作的发展，蜂鸟赖以生存的栖息地逐渐被破坏，蜂鸟也面临灭绝的危险。

鸵　鸟

鸵鸟是现今存活着的最大的鸟类，是恐龙时代的动物。非洲的鸵鸟、澳洲的鸸鹋和食火鸡、新西兰的几维鸟以及南美洲的鹈鸠，是迄今仍幸存的远古时代的走禽。它们的最大共同特征是胸骨扁平，不具龙骨突起。鸵鸟的体高达 1.75～2.75 米，体重 60～160 千克。头小，宽而扁平，颈长而灵活，裸露的头部、颈部以及腿部通常呈淡粉红色；喙直而

短，尖端为扁圆状；眼大，虽然丧失了飞行能力，但仍继承鸟类特征，视力非常好，生着很粗的黑色睫毛。其羽毛主要是用来保温的。鸵鸟平时喜欢成群生活在沙漠荒原中，分布在非洲、南美洲和澳大利亚等地区。

鸵鸟的生态习性

鸵鸟是走禽类，适应于沙漠荒原中生活，善奔跑，奔跑速度可以达到每小时 60 千米，维持约 30 分钟而不感到累，一步可达 7 米，且可瞬间改变方向，在迅速奔跑时两翼张开，用以平衡。鸵鸟开阔的步伐、长而灵活的脖子以及准确的啄食，使它方便采食在沙漠中稀少而分散的食物。鸵鸟的食性很广，吃植物、浆果、种子、昆虫以及其他小动物等，属于杂食性。由于鸵鸟啄食时必须将头部低下，很容易遭受掠食者的攻击，所以觅食时，会不时地抬起头来四处张望。鸵鸟平时三

五成群，多时达20余只栖息在一起，经常与羚羊、斑马在同一地区出没。在遇到危险时，鸵鸟会把头埋进沙子里，看不到了，也就不再害怕了。

鸵鸟的种类

鸵鸟为鸵形目的总称，包括非洲鸵鸟、美洲鸵鸟、澳洲鸵鸟、阿拉伯鸵鸟等。北非鸵鸟是现存数量最多的种类，最早是在北非撒哈拉沙漠南部发现的，但目前在原产地已绝迹，其栖息地及数量仍在减少中。非洲鸵鸟生长快，繁殖力强，所以国内外养殖的基本上都是非洲鸵鸟。

燕

雨　燕

雨燕为小型燕雀类。喙短，基部宽阔，在飞翔中张口捕捉飞虫。

翼尖长，飞行速度很快，尾呈叉状，后肢短，四趾全朝前（称前趾型），所以不能在地面上行走，也不能久停在树枝上。平时集结成群，边飞边鸣。我国产2科，即雨燕科和凤头雨燕科，后者仅凤头雨燕种，罕见于云南西部、南部及西藏东南部。

雨燕的生态习性

雨燕总是在空中觅食，很少栖息。它们不停息地在空中快速盘旋、飞翔，几乎从不落到地面或植被上，并且似乎飞得很快。其实，它们在觅食时为了看清猎物并在飞行中捕获，不会飞得过快，否则会增加捕食的难度。但在炫耀时，雨燕确实会飞得非常快，而且常常利用风向来迅速地掠过地面。雨燕大多在近山地带飞行，下雨时，雨燕会结成群在高空中绕成圈状，动作和谐一致，就连鸣叫声也很相似。

雨燕的繁殖

雨燕的寿命比较长，对繁殖地和配偶也很忠诚。由于它们是在空中捕捉食物，而空中食物大量存在的时间也只有12～14周，所以雨燕的繁殖是速战速决。普通雨燕于5月初来到繁殖地开始繁殖，7月底便离开。在繁殖期间，雨燕会结群在山洞或海中岩礁或孤岛的悬崖峭壁上营巢。广东怀集的燕岩数量可观，每年的清明节前后，数以万计的白腰雨燕集体出入，万翅如云，令人惊叹不已。雨燕在繁殖期间会吃掉大量的害虫，是益鸟。雨燕巢还可以制成燕窝，经济价值也很大。

普通楼燕

　　普通楼燕体形似家燕而稍大，体长 21 厘米左右，翼窄而长，折叠时超过尾端。体羽纯黑褐色，仅须和喉部为白色，尾略叉开。喜结群，在城楼、古塔、庙宇的墙壁窟窿或石崖洞里营巢，它们的巢是用它们的唾液混着泥土、草茎等杂物做成的。5～6 月繁殖，遍布北方大多数地区，候鸟，飞经我国东部和西部。完全以昆虫为食。

金丝燕

　　金丝燕一般都是轻捷的小鸟，比家燕小，体质也较轻。雌雄相似。嘴细弱，向下弯曲；翅膀尖长；脚短而细弱，4 趾都朝向前方，不适于行步和握枝，适于抓附岩石的垂直面。羽色上体呈褐色至黑色，带金丝光泽，下体灰白或纯白。有回声定位能力。它们在悬崖上筑巢，巢由海藻和唾液黏合而成，即著名的佳肴珍品"燕窝"。

金丝燕的"燕窝"

一些金丝燕的嘴里能分泌出一种富有黏性的唾液，能把它们筑巢的材料，如藻类、苔藓、水草等黏结在一起。褐腰金丝燕、灰腰金丝燕、爪哇金丝燕和方尾金丝燕用以造巢的唾液一经风吹就凝固起来，形成半透明的胶质物，这就是名贵的滋补食品——燕窝。燕窝分白燕窝、毛燕窝、血燕窝、燕根等。白燕窝是金丝燕初次做的窝，质纯而洁白，为燕窝中的上品。产燕窝的金丝燕大都分布在印度、东南亚、马来群岛，营群栖生活。

短嘴金丝燕

短嘴金丝燕体形略小，体长 14 厘米左右，近黑色，两翼长而钝，尾略呈叉形。它们喜欢结成群体在开阔的高山峰脊快速飞行，在岩崖裂缝中营巢，巢用苔藓做成，不可食用。土燕窝就是短嘴金丝燕的唾液与绒羽等混合凝结所成的巢，四季均可摘取，可入药。分布于喜马拉雅山脉及中国中部、东南亚、爪哇西部。

家 燕

家燕为燕科燕属的鸟类。喙短而宽扁，基部宽大，呈倒三角形，口裂极深，嘴须不发达。翅狭长而尖，尾呈叉状，形成"燕尾"，脚短而细弱，趾三前一后。主要特点是上体发蓝黑色，还闪着金属光泽，腹面白色。体态轻捷伶俐，两翅狭长，飞行时好像镰刀，尾分叉像剪子。飞行迅速如箭，忽上忽下，时东时西，能够急速变换方向。常可见到它们成队地停落在村落附近的田野和河岸的树枝上、电线杆和电线上，也常结队在田野、河滩飞行掠过。飞行时张着嘴捕食蝇、蚊等各种昆虫，鸣声尖锐而短。

巨嘴鸟

在鸟类家族中，有一种"巨嘴"鸟，其嘴之大，简直叫人瞠目。这种鸟生活在拉丁美洲阿根廷到墨西哥之间的热带丛林中，外形很像犀鸟，最大体长为 24 厘米，而嘴长几乎相当于体长的 1/3。巨嘴鸟的嘴骨构造很特别。它不是一个致密的实体，外面是一层薄壳，中间贯穿着极细的纤维，多孔的海绵状组织，充满空气，所以，嘴虽然很大，但并不很重，这使它丝毫感觉不到沉重的压力。雄鸟的嘴通常又比雌鸟的还要长。

巨嘴鸟的美丽色彩

巨嘴鸟的体色十分鲜艳，更让人惊奇的是它的嘴喙，它的上半部是黄色的，略带淡绿；下半部是蔚蓝色；喙尖则是一点殷红。再配上眼睛四周一圈天蓝的羽毛、橙黄色的胸脯、漆黑的背部，组成了一幅协调而又多彩的绝美图画。因为奇怪的巨喙，加上美丽的羽毛，所以，巨嘴鸟频繁出现于人类的各种作品中，俨然成了美洲热带森林的传统象征。在鸟类极为丰富的热带，或许只有蜂鸟比它更吸引艺术家们的目光。

巨嘴鸟的生存环境

巨嘴鸟大多栖息在雨林、林地、长廊林、草原地带，以果实、种子和昆虫为食，有时也掠夺小鸟的巢穴，吃掉卵和雏鸟。这种鸟以树洞为巢，一次生2～4枚蛋。

知更鸟

知更鸟又叫鸫，在亚洲、欧洲和北美洲都有分布。知更鸟身体长约20

厘米，长着红色的胸毛，上面有美丽的胸斑、黑色的脑袋、明亮的眼睛。每年的3月，当明媚的春天到来时，在美国墨西哥湾的各个州，成群的知更鸟就从棕榈树和酪梨树林中钻出来，向北飞。在迁飞的途中，知更鸟总是在白天飞行，是最早报晓的鸟儿，也是最后唱"小夜曲"的鸟儿。知更鸟的鸣叫声婉转，曲调多变，深受人们的喜爱。

知更鸟的生存环境

知更鸟栖息在树林中，也常常到地面上觅食，其他的鸟只会步行或者只会跳跃，而知更鸟却两样都会。知更鸟生性机警，只要稍稍受惊，就会立刻飞上树枝。知更鸟主要捕食蠕虫、毛虫、甲虫、苍蝇、蜗牛、象鼻虫、蜘蛛、白蚁和黄蜂，是有名的益鸟，特别受到棉农的欢迎，可是，它有时也啄食浆果和水果。

其 他

企 鹅

企鹅是地球上数一数二的可爱的动物，世界上总共有 17 种企鹅，它们全分布在南半球，企鹅常以极大数目的族群出现，占南极地区海鸟数量的 85%。和鸵鸟一样，企鹅是一种不会飞的鸟类。不过，根据化石显示的资料，最早的企鹅是能够飞行的，直到 65 万年前，它们的翅膀慢慢退化而形成能够下水游泳的鳍肢，成为目前我们所看到的企鹅。企鹅的主要食物是小鱼及磷虾。企鹅的寿命很长，如帝企鹅可达 20～30 岁。

大 雁

大雁属鸟纲，鸭科，是雁亚科各种类的通称。它是一种大型游禽，体形流线型。嘴宽而厚，嘴甲比较宽阔，啮缘有较钝的栉状突起。成雁体重 5～6 千克，大的可达 12 千克。大雁群居水边，往往千百成群，夜宿时，有雁在周围专司警戒，如果遇到袭击，就鸣叫报警。主食嫩叶、细根、种子，间或啄食农田谷物。每年春分后飞回北方繁殖，寒露后飞往南方越冬。群雁飞行，排成"一"字或"人"字形，人们称之为"雁字"，因为行列整齐，人们称之为"雁阵"。大雁的飞行路线是笔直的。中国常见的有鸿雁、灰雁、豆雁、白额雁等。雁队成 6 只，或以 6 只的倍数组成，雁群是一些家庭，或者说是一些群的聚合体。

鹦 鹉

鹦鹉指鹦形目众多艳丽、爱叫的鸟。它们以其美丽无比的羽毛，善学人语的技能等特点，为人们所欣赏和钟爱。这些属于鹦形目的飞禽，分布在温、亚热、热带的广大地域。鹦鹉是典型的攀禽，对趾型足——两趾向前两趾向后，适合抓握，鹦鹉的鸟喙强劲有力，可以食用硬壳果。鹦

形目有鹦鹉科与凤头鹦鹉科两科，种类非常繁多，有 82 属 358 种，是鸟类最大的科之一。

天　鹅

天鹅是大型鸟类，最大的身长 1.5 米，体重六千克。大天鹅又叫白天鹅、鹄，是一种大型游禽，体长约 1.5 米，体重可超过 10 千克。全身羽毛白色，嘴多为黑色，上嘴部至鼻孔部为黄色。它们的头颈很长，约占体长的一半，在游泳时脖子经常伸直，两翅贴伏。由于它们优雅的体态，古往今来天鹅成了美丽、纯真与善良的化身。

天鹅是一种冬候鸟，喜欢群栖在湖泊和沼泽地带，主要以水生植物为食。每年三四月间，它们大群地从南方飞向北方，在我国北部边疆省份产卵繁殖。雌天鹅都是在每年的五月间产下二三枚卵，然后雌鹅孵卵，雄鹅守卫在身旁，一刻也不离开。一过十月份，它们就会结队南迁，在南方气候较温暖的地方越冬，养息。

丹顶鹤

丹顶鹤是鹤类中的一种，因头顶有"红肉冠"而得名。是东亚地区所特有的鸟种，因体态优雅、颜色分明，在这一地区的文化中具有吉祥、忠贞、长寿的象征，是国家一级保护动物。丹顶鹤具备鹤类的特征，即三长——嘴长、颈长、腿长。成鸟除颈部和飞羽后端为黑色外，全身洁白，皮肤裸露，呈鲜红色。

夜 莺

夜莺，学名：新疆歌鸲，一种有赤褐色羽毛的鸣鸟，以雄鸟在繁殖季节夜晚发出的悦耳动听的鸣声而著名。夜莺是一种迁徙的食虫鸟类，生活在欧洲和亚洲的森林中。它们在低的树丛里筑巢，冬天迁徙到非洲南部。夜莺的体形比欧亚鸲还小，大约15～16.5厘米长，赤褐色羽毛，尾部羽毛呈红色，肚皮羽毛颜色由浅黄到白色。雄夜莺以它擅唱的歌喉而著称，它的音域之宽连人类的歌唱家也羡慕不已。夜莺的鸣叫声高亢明亮、婉转动听。尽管夜莺在白天也鸣叫，但它们主要还是在夜间歌唱，这个特点显著有别于其他鸟类。所以夜莺的英文名字里有"Night"的字样。

三、昆虫类

螳　螂

　　螳螂也称刀螂，是一种中至大型昆虫，生得很漂亮，后腿发达，前腿像手臂，把长长的前胸挺得高高的。它的长脖子上有一颗能朝各个方向转动的头，时刻机警地瞭望四方。螳螂以捕食别的小昆虫为生。它前足上生有两排锐利的锯齿，能捕捉苍蝇、蛾子、蝴蝶、蚱蜢、蝗虫等害虫。螳螂身体的颜色为绿色，和植物颜色一样，可以隐蔽自己。螳螂还能在植物丛中把一对足装饰成花瓣，以诱使别的昆虫来采蜜以借机捕杀。螳螂最喜欢捕蝉吃，但黄雀却喜欢吃螳螂，于是便有了"螳螂捕蝉，黄雀在后"的故事。

大刀螳螂

　　大刀螳螂，体形较大，长约8cm。黄褐色或绿色，头三角形，前胸背后板、肩部较发达，后部至前肢基部稍宽，前胸细长。前翅革质，前缘带绿色，末端的较明显的褐色翅脉；后翅比前翅稍长，有深浅不等的黑褐色斑点散布其间。雌虫腹部特别膨大，足3对前胸足粗大，镰刀状，中足和后足细长。大刀螳螂是重要的捕食性昆虫之一，成虫、若虫都可捕食，在自然界可以捕食多种农林果树害虫。国内分布在北京、河北、辽宁、山东、江苏、安徽、浙江、福建、台湾、湖南、广东、广西、河南、四川、陕西等地，国外一般分布在日本、越南、美国等国家。

小刀螂

　　螳螂科，体形大小中等，长4.8～9.5厘米，色灰褐至暗褐，有黑褐色不规则的刻点散布其间。头部稍大，呈三角形。前胸背细长，侧缘细齿排列明显。侧角部的齿稍特殊。前翅革质，末端钝圆，带黄褐色或红褐色，有污黄斑点。后翅翅脉为暗褐色。前胸足腿节内侧基部及胫节内侧中部各有一大型黑色斑纹。我国大部分地区均有分布。

蝉

蝉属于同翅目蝉科，全世界约有 1500 种。最常见的有 3 种：一是鸣蝉，又叫知了，体长约 4 厘米，浑身漆黑发亮，鸣声粗犷而洪亮；二是蟪蛄，体长约 2 厘米，全身黑褐色，鸣声尖而长，连续不断；三是寒蝉，体长约 2.5 厘米，头胸淡绿色，因它在深秋时节叫得欢，故又称秋蝉。蝉之所以能鸣叫，是因为它的腹部有一对鸣器，由镜膜和鼓膜组成，当膜内发音肌收缩时，便产生声波，发出嘹亮的声音。不过别忘了鸣器只有雄蝉才有，雌蝉是"哑巴"。

蝉的生活方式

蝉的生活方式较为奇特。夏天，蝉产卵后一周内即死去，卵经过一个月左右即孵化，孵化后若虫掉落到地面，自行掘洞钻入土中栖身。在土中，它们要经过漫长的幼虫期，老熟幼虫爬出洞穴后，徐徐爬上树干，然后自头胸处裂开。不久，成虫爬出蝉壳，经阳光的照射，翅膀施展、干燥。羽化过程约需 1～3 小时。最著名的种类要数美国的 17 年蝉，此外还有 3 种 13 年蝉，它们都是昆虫中的寿星。蝉有趋光性，当夜幕降临，只需在树干下烧堆火，同时敲击树干，蝉即会扑向火光，此时迅速上前活捉，十拿九稳。

黑蚱蝉

黑蚱蝉就是人们较为熟知的"知了"，在昆虫纲属于同翅目中的蝉科，是蝉科中体形最大的种类，体长 5 厘米，中胸背板宽大，中央有黄褐色"X"形隆起，体披金黄色绒毛，翅透明，翅脉浅黄或黑色。雄虫腹部第 1～2 节有鸣器，雌虫没有。黑蚱蝉也是昆虫中发音最响的鸣虫，一般 1 千米之外便可听到它的鸣声。蝉的声音不是从口腔中发出的，而是依靠生长在腹部的特殊发音器官发出声音。

"金蝉脱壳"

我国的黑蚱蝉2~3年才完成一代。雌性成虫发育成熟后，便用腹部锥状的产卵器，把卵产在植物新生的枝条上，每处产卵30~50粒，一只雌虫可产卵300~700粒。雌虫产完卵后，将身体退居到产卵部位的下面，并用前足上的锯齿将枝条的韧皮部锉伤，伤口上部的枝条不久即枯萎，待冬季来临时，寒风便将枯枝自伤口处折断，连同卵粒落到地面。在枯枝内过冬的卵，在第二年春暖时节，便借助地表湿度，孵化为一只只白色的若虫，挣脱开裹着的卵膜，利用它那善于掘土的前足，很快便钻入土中，以树根汁液为生。经过漫长的时间，若虫蜕皮5次，才进入老熟期，到夏季多雨季节，挖个垂直的洞，趁天色暗淡时钻出地面，爬上树干，通过"金蝉脱壳"之计，蜕下若虫时期的外壳，变成成虫。

沫 蝉

据《自然》杂志报道：最新研究显示，身体仅6毫米长的昆虫沫蝉，最高跳跃高度可达70厘米，这相当于标准身高男性跳过210米高的摩天大楼，其跳跃能力远远超过了人们以前所认为的自然界跳高冠军——跳蚤。沫蝉分泌一种泡沫状物质，用来保护自己不至于干燥同时免受天敌的侵害。沫蝉栖息在植物的叶子上，分布在世界各地，但是它的存在并没有引起过人们的注意。沫蝉的后腿肌肉非常健壮，可以在瞬间的跳跃中爆发后腿的蓄力。有学者认为，沫蝉具有如此强的弹跳能力，是为了逃避鸟和其他昆虫的袭击。

榆叶蝉

榆叶蝉是一种危害榆树、大麻、甘草等植物的害虫，卵产在榆树嫩枝皮内越冬。成虫体长约 3.5 毫米，触角刺状，鞭节基部有一小分叉，翅端 1/3 处也有一黑点。广泛分布于我国内蒙古、宁夏等西北地区。

小绿叶蝉

小绿叶蝉别名桃叶蝉，成虫体长 3.3～3.7 毫米，淡黄绿至绿色，复眼灰褐至深褐色，无单眼，触角刚毛状，末端黑色。一年生 4～6 代，成虫在落叶、杂草或低矮绿色植物中越冬。翌年春桃、李、杏发芽后出蛰，飞到树上刺吸汁液，经取食后交尾产卵，卵多产在新梢或叶片主脉里。危害大豆、小豆、菜豆、绿豆、十字花科蔬菜、马铃薯、甘薯、甜菜、麦、稻、甘蔗、苹果、桃、李、杏、葡萄、梅、山楂、山荆子、柑橘、杨梅、线麻、烟、棉花、木芙蓉等作物。成虫、若虫吸汁液，被害叶初现黄白色斑点渐扩成片，严重时全叶苍白早落。

黑尾大叶蝉

黑尾大叶蝉分布于我国东北、华中、华东以及台湾、广东和海南；也产于朝鲜、日本、缅甸、菲律宾、印度、印度尼西亚和非洲南部。成虫体长 12～13.5 毫米，身体为橙黄色，并常有变异。一年生 1 代。

成虫在杂草、常绿树及竹林中过冬，翌年春出蛰后刺吸寄主嫩叶。危害甘蔗、高粱、玉米、甘薯、桑、茶、油菜、葡萄、柑橘、梨、苹果、桃、枇杷、奎宁树、月季、大豆、向日葵等作物。

大青叶蝉

大青叶蝉别名菜蚱蜢，分布于全国各省区，国外分布于朝鲜、日本及欧洲地区。成虫体长 7.5～10 毫米。身体青绿色，各地的世代有差异，从吉林省的年生 2 代而至江西的年生 5 代。成虫或若虫均喜弹跳。危害高粱、玉米、粟、小麦、稻、甘蔗、麻、花生、豆类、蔬菜、桑、梨、桃、苹果、杨、柳、洋槐以及禾本科、豆科、杨柳科、蔷薇科植物。可传播多种植物病毒。

臭 虫

臭虫在我国古时又称床虱、壁虱，是一种非常不受人喜欢的昆虫。臭虫爬过的地方，都留下难闻的臭气，故名臭虫。它有一对臭腺，能分泌一种异常臭液，不过正是这种臭液可以帮助它防御天敌，吸引配偶。臭虫是以吸人血为生的寄生虫。若虫的腹部背面或成虫的胸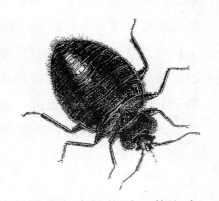部腹面有一对半月形的臭腺，能分泌一种有特殊臭味的物质，使它臭名远扬。全世界已知臭虫约有 74 种，但嗜吸人血的只有温带臭虫和热带臭虫两种。

吸血的臭虫

臭虫一般都过着群居的生活，在适宜隐蔽的场所，常常可以发现有大批臭虫聚集。不论雌、雄，不论成虫、若虫，一到晚上，它们就偷偷地爬出来，凭借刺吸式的口器嗜吸人血，在找不到人血时，也吸食家兔、白鼠和鸡的血。臭虫吸血很快，5～10分钟就能吸饱。人被臭虫叮咬后，常引起皮肤发痒，过敏的人被叮咬后有明显的刺激反应，伤口常出现红肿、奇痒，如搔破后往往引起细菌感染。

臭虫的生存习性

臭虫的繁殖能力极强，通常每次下卵多个，总数可达100～200个。在冬天，臭虫通常停止吸血和产卵。若虫得不到血食，可活30天以上，成虫得不到血食，通常可活六七个月。它们主要栖息在住室的床架、帐顶四角、墙壁、天花板、桌、椅、书架、被子、褥子、草垫、床席等的缝隙和糊墙纸的后面。所过之处经常留下许多褐色的粪迹。臭虫会传播多种疾病，如回归热、麻风、鼠疫、小儿麻痹、结核病、锥虫病、东方疖、黑热病等。

温带臭虫

温带臭虫是吸血昆虫。白天它们栖息在室内缝隙中，夜间出没，吸吮人血，一次吮血量常常比它自身还重，得不到人血时也吸食兔、鼠的血。人被叮咬后，皮肤红肿，痛痒难忍，如搔破，带入细菌，还可以引起溃疡。全国各地均有分布。臭虫是危害人类健康的害虫。消灭臭虫可以采用开水烫杀、日光曝晒、药物喷射等方法。

热带臭虫

热带臭虫也是吸血昆虫，只分布于长江以南地区。危害是频繁叮人吸血，扰人睡眠休息，影响人们健康和工作。它除吸人血外，也能吸其他动物血，如鼠、鸡、兔等。臭虫极能耐饥，喜群居，可随衣物、家具带往其他地方，实现远程传播。

吸血前后臭虫的变化

蟋 蟀

蟋蟀俗称蛐蛐，古人称之为"促织""蛩"等。属直翅目，蟋蟀科，体呈黑褐色或黄褐色，体形粗壮，体长约15～40毫米，头呈圆形，具光泽，触角丝状，有30节，往往超过体长。雄虫好斗，且善鸣叫，雌虫则默不做声，是个哑巴，俗称"三尾子"。蟋蟀是人类最早认识的昆虫之一，在我国已有数千年的历史。全世界约有3000种，我国有50多种。饲养蟋蟀作为一种娱乐活动，在中国已有千余年历史。

蟋蟀的生存方式

蟋蟀是不完全变态昆虫。生性孤僻，是独居者，通常一穴一虫，要到成熟发情期，才招来雌蟋蟀同居一穴。但在幼虫期，往往 30~40 头共居一室，十分亲热。雌虫一生可产卵 500 粒左右，分散产在泥土中，以卵越冬。蟋蟀每年出生一代，喜居于阴凉和食物丰富的地方，常在夜间出来觅食。成虫喜跳跃，后腿极具爆发力，跳跃间距为体长的 20 倍左右；少数种类后翅发达能飞行。每年夏秋之交是成虫的壮年期，也是捕捉斗玩蟋蟀的大好时期。

蟋蟀为何好斗

蟋蟀爱打架在昆虫界是出了名的，每年一到秋天，两只蟋蟀狭路相逢，大打出手的事儿经常发生。正是这种争强好斗的性格和精彩的打斗表演，牢牢抓住了人们喜欢观看竞技比赛的眼球。早在 2000 多年前，我们的祖先就开始养蟋蟀、斗蟋蟀了。最早是农民庆祝丰收的一种娱乐形式，丰收了当然很高兴，就要找点乐趣，他们就捉了蟋蟀，在地上挖一个圆圆的坑，然后把蟋蟀放到一起让它们打斗。后来斗蟋蟀的风气还传到了皇宫里，明朝的宣德皇帝是一位酷爱斗蟋蟀的皇帝，民间为了进贡一头蟋蟀而倾家荡产、家破人亡的不在少数。为什么蟋蟀在秋天格外好斗呢？因为每当秋收来临之时，特别是中秋前后，也正是蟋蟀风华正茂、身体最强壮的时候，这时的蟋蟀打起架来，都跟参加拳王争霸赛一样卖力气。欣赏斗蟋蟀这可是最好的时机了。

象鼻虫

　　象鼻虫又称象甲，成虫体态特殊，因为它的口器延长成象鼻状，称做头管。有些种类的头管几乎与身体一样长，十分奇特。象鼻虫在鞘翅目昆虫中是最大的一科，也是昆虫王国中种类最多的一个种群，在全世界达 6 万多种。它们个体差异甚大，小的仅 0.1 厘米，大的可达 5 厘米。象鼻虫主要危害花木果树。幼虫体肥而弯曲成 "C" 形，头部特别发达，能钻入植物的根、茎、叶或谷粒、豆类中蛀食，是经济作物上的大害虫。象鼻虫不会咬人，也没有异味，故那些大型的象鼻虫常被人们捉来饲养，把弄玩耍。

米　象

贮藏谷物的主要害虫，成虫啮食谷粒，幼虫蛀食谷粒内部。危害稻、麦、玉米、高粱等。成虫体长 2.4～2.9 毫米，宽 0.9～1.5 毫米，体卵圆形，红褐至沥青色，背无光泽或略具光泽。头部刻点较明显，额前端扁平，喙基部较粗。触角着生于基部 1/3～1/4 处，顶端圆形。前胸长宽约相等，基部宽，向前缩窄，背面密布圆形刻点。小盾片心形，有宽纵沟。鞘翅肩明显，两侧平行，行纹略宽于行间，行纹刻点上各具 1 根直立鳞毛，每鞘翅基部和翅坡各有一个椭圆形黄褐至红褐色斑。

松象虫

鞘翅目象甲科。分布于辽宁、吉林、四川、云南、陕西各地，主要为害松类、糠椴、大黄柳、山杨、丁香等幼林。以成虫蛀害树干韧皮部，轻则使树皮产生块状疤痕，大量流脂；严重时环割树干的韧皮部，使树死亡。松象虫在小兴安岭林区，两年一代。以成虫及幼虫两虫态越冬。5 月中下旬，越冬成虫开始活动，集中于落叶松更新地上取食并交尾，为害两年生以上的幼树。6 月中旬以后，成虫自更新地向采伐迹地扩散，到伐根下去产卵。6 月下旬以后新孵化的幼虫陆续出现，在伐根的皮层或皮层与边材之间作隧道活动取食。到 9 月末，大部分幼虫已经老熟，在皮层、皮层与边材间或全部在边材以内作椭圆形蛹室休眠。少数孵化较晚的幼虫，越冬时尚未老熟，翌年春需再取食一段时间，才作蛹室休眠。幼虫，经越冬阶段后，于 7、8 两月化蛹，7 月末以后开始羽化为成虫。大部分新成虫潜伏蛹室中约半月后，即自伐根爬出土面来，找寻幼材取食为害。当年不交尾产卵。9月底后，在落叶松幼树根际的枯枝落叶丛中越冬；少数羽化较晚的成虫，并不出土，在蛹室内越冬。自卵孵化至羽化成虫，成虫再产卵，历时两周年。

天　牛

　　天牛俗称"锯树郎"，种类很多，大小不一。全世界约有2万种左右，我国超过2000种。天牛有牛劲，力气大，颜色形态各式各样，但它们对植物的危害是相同的。天牛以植物的皮、花、芽、叶、花粉等为食。幼虫蛀食茎干，造成植物枯萎，是林业上的大害虫。雌虫常把卵产在树干的裂缝里，待卵孵化后，幼虫钻入茎内或树心，穿凿洞穴，造成危害。天牛的幼虫为黄白色，肥长无脚，体形弯曲，是啄木鸟最爱吃的食物之一；在北美洲的印第安人以及我国云南、台湾等地的少数民族，十分嗜食天牛幼虫。天牛一般以幼虫越冬，或以成虫在蛹室内越冬，即上一年秋冬之际羽化的成虫，留在蛹室内到第二年春夏间才出来。成虫的寿命一般不长，十多天到一两个月，但在蛹室内越冬的成虫可能达到七八个月。

天牛的游戏

在许多地区，要数天牛最为常见。此虫体长约4厘米，体形壮硕黑亮，翅鞘上有白色斑点，十分醒目。触角呈丝状，黑白相间，长约10厘米。有趣的是当你抓住它时，会发出"嘎吱嘎吱"的声响，企图挣脱逃命。如若在其脚上缚一细线，任其飞翔，还能听到"嘤嘤"之声呢。天牛的玩法很多，如天牛赛跑、天牛拉车、天牛鱼、天牛赛叫等等，比起目前充斥市场的电动玩具来说，玩这种"自然宠物"要有趣得多。

世界上最大的甲虫

亚马孙巨天牛和大牙天牛是世界上最大的甲虫，它们身长18厘米。大牙天牛的角（长颚）是专为切割树枝所设计的，当它用锐利的角钩住枝条后就绕着树枝做360°的旋转，直至把树枝锯断为止。

大牙土天牛

大牙土天牛又名大牙锯天牛，1年发生一代，以幼虫在土壤中越冬，成虫7月中下旬出现，在降雨后大量从土中钻出，而后交尾，1头雄虫与多头雌虫交尾，雄虫交尾后死亡，雌虫产卵后死亡。约在梅雨季前后，会大量爬出地面，似乎不太会飞行，雌虫产卵于土里，幼虫摄食禾本科作物的根茎。分布于内蒙古、辽宁、河北、山西、陕西、甘肃、山东、四川等地。

锯天牛

锯天牛体长 32～45 毫米，2～4 年完成一代。幼虫生活在衰弱的树内和砍伐后的树根内。成虫出现于春、夏两季，生活在低海拔的林区。危害松、柳杉、冷杉、云杉、扁柏、苹果、柳、槐、榆、山毛榉等。分布于内蒙古、北京、黑龙江、吉林、辽宁、河北、浙江、江西、四川、台湾等地。

褐幽天牛

褐幽天牛危害日本赤松、马尾松、华山松、油松、柳杉、杨树、榆树、栎树、日本扁柏、冷杉、白皮松、柚属植物。主要分布于内蒙古阿拉善盟（阿拉善左旗贺兰山）、黑龙江、吉林、辽宁、陕西、江西、云南、欧洲、朝鲜、俄罗斯（西伯利亚、库页岛）等地。

松幽天牛

松幽天牛为危险的入侵害虫，我国动物检疫重点防范对象。主要以幼虫蛀干危害落叶松，幼虫切断疏导组织，使整株落叶松树死亡。危害红松、鱼鳞松、日本赤松、华山松、油松、云杉。分布于内蒙古阿拉善盟（阿拉善左旗贺兰山）、黑龙江、吉林、河北、陕西、新疆、山东、浙江等地。

云杉小墨天牛

云杉小墨天牛1年发生一代，以老龄幼虫越冬，次年5月化蛹，成虫于6月中旬产卵。幼虫蛀食木质部，形成如指状粗大虫道，木材失去利用价值，成虫补充营养时啃咬树枝韧皮部，影响立木生长。是内蒙古大兴安岭林区兴安落叶松最主要的木材害虫，可以侵害活立木、衰弱木、倒木，使树木的价值降低，是危害性很大的害虫。分布于内蒙古、黑龙江、吉林、辽宁、山东等地。

青杨楔天牛

青杨楔天牛是我国华北、西北等地区杨树的主要枝梢害虫。1年发生一代，以老熟幼虫在枝杆的虫瘿中越冬。青杨楔天牛形成的虫瘿对枝梢的连年生长量影响时间长、影响量大，危害山杨、毛白杨、小叶杨、箭杆杨、银白杨、黄华柳、白柳、青冈柳。分布于内蒙古、吉林、辽宁、河北、陕西、甘肃、山东、江苏、河南等地。

瓢 虫

　　瓢虫因为它的形状很像用来盛水的葫芦瓢，所以叫它为瓢虫。许多瓢虫的幼虫和成虫，是吃吹绵介壳虫、蚜虫、壁虱等害虫的能手，因此，人们称瓢虫为"活农药"。瓢虫长得圆鼓鼓的，黄豆那么大，背上有两层翅膀，上层是坚硬的鞘翅，下层是薄膜的软翅，颜色鲜艳多彩，有形形色色的斑纹，因此也有人叫它"花大姐"。瓢虫是肉食性昆虫，主要捕食蚜虫、介壳虫等小型昆虫，是植物忠诚的铁甲卫士，现在人们常用瓢虫来防治为害农作物的蚜虫。七星瓢虫、小红瓢虫和异色瓢虫都是捕食蚜虫和介壳虫的益虫。

瓢虫的生存方式

　　瓢虫有100多种，类别有益、害之分。鞘翅上闪光亮晶的，是有益的瓢虫；鞘翅上有密集绒毛的，是有害的瓢虫。有趣的是，益、害瓢虫之间是各据各的地盘，互不干扰，即使强迫它们交配，也只能孵出第一代杂种，第二代就没有繁殖能力了。绝大部分种类的瓢虫，都是在树根底泥土里15～30厘米的深处集合在一起共同过冬，到了第二年春暖花开的季节，它们就破土而出，全体出动，有时在暖和的阳光照耀下，成群的瓢虫，熙熙攘攘地爬来爬去。从这以后，有益的瓢虫就开始歼灭害虫了。

七星瓢虫

七星瓢虫体长5～7毫米，卵圆形，背面拱起像半个球，背上有七个黑斑。喜欢成群地迁飞，我国北戴河边，每年5～6月，被瓢虫遮盖，成为一大片红色。七星瓢虫以成虫在土石块下、墙缝内越冬。一年发生多代。以成虫过冬，次年4月出蛰。产卵于有蚜虫的植物寄主上，以棉蚜、麦蚜、菜蚜、桃蚜、槐蚜、松蚜、杨蚜等为食，是害虫的天敌。分布在我国东北、华北、华中、西北、华东和西南等一些省区；另记载于蒙古、朝鲜、日本、印度及欧洲地区。

十一星瓢虫

十一星瓢虫成虫飞翔能力强，具有明显的集群越夏特性。冬季成虫栖息在树皮缝隙中或枯枝落叶下，在零下 15℃ 的气温下，成虫仍能安全越冬。捕食麦蚜、棉蚜、艾蒿蚜等。分布于河北、山东、山西、陕西、甘肃、新疆、欧洲、非洲北部等地区。

茄二十八星瓢虫

茄二十八星瓢虫是茄科植物的主要害虫，寄生于马铃薯、茄子、番茄、青椒等茄科蔬菜及黄瓜、冬瓜、丝瓜等葫芦科蔬菜植株中，以茄子为主，此外，还危害白菜。成虫和幼虫食叶肉，残留上表皮呈网状，严重时全叶食尽，此外尚食瓜果表面，受害部位变硬，带有苦味，导致产量和质量降低。分布于内蒙古、河北、陕西、山东、江苏、安徽、浙江、福建、河南、江西、广东、广西、云南、四川、台湾等地。

马铃薯瓢虫

马铃薯瓢虫在东北、华北、山东等地每年发生两代，江苏发生三代。危害马铃薯、茄子、番茄、瓜类。成虫和幼虫均取食同样的植物，取食后叶片残留表皮，且成许多平行的牙痕。也能将叶吃成孔状或仅存叶脉，严重时全田如枯焦状，植株干枯而死。主要分布于我国的北方，包括东北、华北和西北等地。

多异瓢虫

多异瓢虫有100多种，成虫在土块下、土中以及墙缝内越冬。捕食棉蚜、麦蚜、豆蚜、玉米蚜、槐蚜等。捕食性和寄生性天敌的联合作用成功地消除了蚜虫的危害。分布于北京、内蒙古、吉林、辽宁、河北、山西、宁夏、新疆、山东、福建、河南、云南、四川、西藏等地。

六斑显盾瓢虫

六斑显盾瓢虫雌虫体长2.7~3.2毫米；体宽1.9~2.3毫米。卵形，拱起。体黑色，前胸背板两侧有1橙黄色斑，鞘翅上各有3个橙黄色斑，因此而得名。雄虫为额橙黄色，前胸背板前缘有黄色带，将两斑相连。捕食麦蚜、麦二叉蚜、蓟菜蚜。分布于内蒙古、黑龙江、辽宁、河北、山西、山东、河南等地。

方斑瓢虫

方斑瓢虫体长3.5~4.5毫米；体宽2.5~3.6毫米。头部黄色或有黑斑，少数全为黑色。捕食林木、果树、菜园、大田作物上的蚜虫、蚧虫、粉虱。分布于内蒙古、黑龙江、辽宁、陕西、甘肃、新疆、江苏等地。

蜘　蛛

　　全世界的蜘蛛已知约有 4 万种，截至 2007 年 11 月，中国记载约 3000 种，分属于 66 个科，在我国生存的有 39 科。最大的蜘蛛体长达 9 厘米，最小的仅 1 毫米。在我国古籍中，记载蜘蛛的异名甚多。如网虫、扁珠、园珠等，在李时珍著的《本草纲目》中记载："蜘蛛即尔雅土蜘蛛也，土中有网。"蜘蛛对人类有益又有害，但就其贡献而言，主要是益虫。蜘蛛在农田里捕食的大多是农作物的害虫。许多中医药中，都有用蜘蛛入药的记载，因此，保护和利用蜘蛛具有重要的意义。

蜘蛛的生态习性

　　蜘蛛的种类繁多，分布较广，适应性强，它能在土表、土中、树上、草间、石下、洞穴、水边、低洼地、灌木丛、苔藓中、房屋内外结网生活，也能在淡水中（如水蛛），海岸湖泊带（如湖蛛）栖息。可以说，水、陆、空到处都有蜘蛛的踪迹。

黑寡妇蜘蛛

　　黑寡妇蜘蛛，简称黑寡妇，是一种具有强烈神经毒素的蜘蛛。它是一种广泛分布的大型蜘蛛，通常生活在温带或热带地区的森林和沼泽地区。它身体黑色，夹有少量灰黄色刚毛，带有人字形重叠斑纹，足长而粗壮，善于奔走。雌性包括腿展大约38毫米长，躯体大约13毫米长。雄性大小约只有雌性蜘蛛的一半，甚至更小。上颚内长着毒腺，当遇到猎物时，黑寡妇蜘蛛就迅速从栖所出击，用坚韧的网将猎物稳妥地包裹住，然后刺穿猎物并将毒素注入，使猎物的神经中枢系统很快中毒发生麻醉，最终导致死亡。黑寡妇蜘蛛咬人导致死亡的案例，在1950年~1959年间美国发生了63例。

黑寡妇蜘蛛致命的交配

黑寡妇蜘蛛有坚硬的外壳，内含几丁质和蛋白质。当雄性成熟，它会编织一张含精液的网，将精子涂在上面，并在触角上沾上精液。黑寡妇蜘蛛繁殖时，雄性将触角插入雌性受精囊孔进行交配。但是，黑寡妇蜘蛛在与配偶的交欢过程中，常把与之交配的雄性蜘蛛杀死，并且吞噬其脑袋。但是，只有雄性蜘蛛被虐杀后，才能完成射精的过程。它们就是通过这种残忍的方式繁衍后代的。不过，在雌性饱食的情况下，雄性偶尔可以逃脱。黑寡妇蜘蛛发育成熟需要 2～4 个月，雌性在成熟后能继续生存约 180 天，雄性则只能存活 90 天。

食鸟蜘蛛

在南美洲的热带丛林中，生活着一种食鸟蜘蛛，它的身体超过了100 毫米，它的脚伸展开来足有 250 毫米，如果动物被它咬上一口，就会有致命的危险。食鸟蜘蛛的毒素经试验，证明对人类无严重危害。食鸟蜘蛛的身体和附肢都被红色的粗毛包围着，只有腹部的毛比较细小，粗毛是它的防御武器。当食鸟蜘蛛发觉自己身处险境时，它便会立即用附肢猛擦腹部的毛，使腹毛脱落，使敌人产生暂时性的错觉，以便防止敌人进一步的侵袭和追踪。食鸟蜘蛛生长在亚马孙河流域，也有的生长在西印度群岛的橡胶树上。食鸟蜘蛛的身体比普通蜘蛛大得多，构造上和普通蜘蛛也有不同。它们只有两个气囊和 4 个吐丝孔，爪可以上下活动，是无脊椎动物中寿命最长的一种。在动物园里，食鸟蜘蛛通常能够活上 30 多年。

食鸟蜘蛛的生存方式

食鸟蜘蛛可以分为两类：一类住在树上；另一类住在地下。居于地下的食鸟蜘蛛，通常筑巢在洞穴之内，巢内满布类似图案的蜘蛛网。猎食方法是等候猎物自投罗网。它们的食物是青蛙、蜥蜴、小蛇和老鼠等等。住在树上的食鸟蜘蛛，身体比地上的要大，它们通常筑巢在树干的裂缝和低处的树枝上，当猎物（如燕雀、金翅雀等）触网被困时，它便立刻出来享受这一顿美食。

近亲幽灵蛛

近亲幽灵蛛属蛛形纲蛛形目，常在室内、山区及农田的隐蔽处结不规则网，蛛体倒悬于网上，捕食小型飞虫。蜘蛛倒悬网上，受惊动后即在网上颤动。雌蛛用螯肢衔卵袋。分布于内蒙古、北京、吉林、辽宁、河北、陕西、江苏等地。

北国壁钱

《本草纲目》记载：壁钱，大如蜘蛛而形扁斑色，八足而长，亦时蜕壳，其膜色光白如茧。常见于室内墙壁及林间树皮间缝内等，布有小圆盘状住所及产室，并在其周围引有放射状触丝，白天隐匿其中，夜间出巢掠捕小虫。此蛛的体躯及其卵囊可供药用，有清热解毒、活血等功能。分布于内蒙古、北京、黑龙江、吉林、辽宁、河北、甘肃、山东、江苏、河南等地。

蝶斑柔蛛

蝶斑柔蛛属蛛形纲蜘蛛目园蛛科，多布网于灌木丛及高草丛中捕食昆虫。分布于河北、山西、内蒙古、陕西、宁夏、甘肃、新疆、山东、浙江、河南、江西等地。

大腹园蛛

大腹园蛛雌蛛长达 30 毫米，灰褐色。多在庭院房前屋檐及山洞和大石间布大型圆网，以捕飞虫为食。夜间居网的中心，白天在网旁的缝隙或树叶丛中隐蔽。卵袋产于墙或树皮裂缝等处，每卵袋中含卵 500～1000 个。我国大部分省区市也有分布。

八痣蛛

八痣蛛多布网于农田、草原的高草丛中，以昆虫为食。分布于内蒙古、吉林、新疆等地。

横纹金蛛

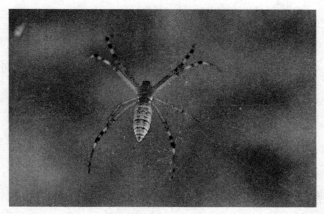

横纹金蛛多在光线充足的灌木丛、高草丛布垂直圆网，通过网中心有一上下相对的锯齿状白色支持带，蛛体居于其中，捕昆虫为食。我国大部分省区市均有分布。

八瘤艾蛛

八瘤艾蛛多在山林、草原中结圆网，网中央有一缠缚了猎物残骸和卵囊的纵带，蛛体常居网中央，外观色泽与纵带一致，故不易被发现。我国大部分省区市均有分布。

四点高亮腹蛛

四点高亮腹蛛为稻田、麦田及草原常见蛛类，多布小型网于植株间，以飞虱、叶蝉等小型飞虫为食，食量大，耐饥能力强。常以丝将植株叶子卷折成卵室，产卵其中。我国大部分省区市均有分布。

机敏漏斗蛛

机敏漏斗蛛结大型漏斗状网。主要出现在棉花生长中后期。在农田、草地、灌木丛的植株或叶间以丝结漏斗状网，网口向外拉出乱丝，蛛体伏于漏斗口内，以昆虫为食。我国大部分省区市均有分布。

迷宫漏斗蛛

迷宫漏斗蛛结大型漏斗状网，低龄幼蛛结不规则平网，随着龄期的增加渐呈漏斗状，一般到 5 龄时其漏斗状网比较典型。该蛛一般在农田、草原的植株及灌木丛中结网，捕食昆虫。迷宫漏斗蛛受惊后，多从漏斗网的下端开口逃走。离网逃走的蜘蛛，一般不回原网，多寻找合适的地方另行结网。自残习性较强，雌蛛残食雄蛛现象较普遍，有时雄蛛亦残食雌蛛。我国大部分省区市均有分布。

华丽漏斗蛛

华丽漏斗蛛布网于豆株枝叶间。网为漏斗状，网丝无黏性，在网的上方引出多数蛛丝，昆虫一入其中，遂迷路而不易逃出。卵囊为白色的圆盘状，表面黏有枯叶小片。常见于农田、山地灌木丛中，结网捕虫为食。分布于内蒙古、吉林、辽宁、安徽、浙江、云南、四川、台湾等地。

家隅蛛

家隅蛛多在居室的墙角布漏斗状网，其前面有一平网，形如白布，亦见于农田、草地。分布于内蒙古、辽宁、河北、安徽、河南、四川、台湾等地。

三突花蛛

三突花蛛多在植物枝、叶及花上捕食多种昆虫，随环境有多种体色变化。我国大部分省区市均有分布。

草皮逍遥蛛

草皮逍遥蛛是北方棉区数量很大的一种游猎性蜘蛛。在辽宁省朝阳地区的6～7月份，每亩棉田可达2000头以上，约占棉田蜘蛛总量的50％～70％以上，南方棉区数量较少。草皮逍遥蛛生活于农田、草地及树上，以蚜虫、叶蝉等为食。该蛛活动迅速，受惊有吐丝下垂习性。分布于内蒙古、吉林、辽宁、河北、陕西、甘肃、江苏等地。

蜱虫

蜱虫是蛛形纲蜱螨亚纲寄螨目蜱总科动物的总称。成虫在躯体背面有壳质化较强的盾板，通称为硬蜱，属硬蜱科；无盾板者，通称为软蜱，属软蜱科。蜱是许多种脊椎动物体表的暂时性寄生虫，发育过

程有卵、幼虫、若虫和成虫四期。多生活在森林、灌木丛、开阔的牧场、草原、山地的泥土中等。软蜱多栖息于家畜的圈舍、野生动物的洞穴、鸟巢及人类房屋的缝隙中。蜱的幼虫、若虫、雌、雄成虫都能吸血。

蜱的危害性

蜱有吸血习性。宿主包括陆生哺乳类、鸟类、爬行类和两栖类动物,有些种类侵袭人体,吸血量很大,各发育期饱血后可胀大几倍至几十倍,雌硬蜱甚至可达100多倍。蜱在叮刺吸血后,可造成局部充血、水肿、急性炎症反应,还可引起继发性感染。蜱是一些人、兽共患病的传播媒介和贮存宿主,会传播森林脑炎、新疆出血热等疾病。

银盾革蜱

银盾革蜱多见于半荒漠草原、亦见于河岸草地，成虫寄生于牛、马、绵羊、骆驼、獾、驴等大型哺乳动物身上，也侵袭人，幼虫和若虫寄生于啮齿类及刺猬等小型哺乳动物身上。分布于内蒙古阿拉善盟（额济纳旗）、新疆、西藏等地。

草原革蜱

草原革蜱生活于草原，成虫寄生于牛、马、骆驼、绵羊、山羊、犬、黄牛等大型动物身上，也侵袭人，幼虫寄生于啮齿动物及小型兽类，如鼠、兔、艾虎、猫等身上。分布于内蒙古、北京、河北，我国东北和西北各省区市。

中华革蜱

中华革蜱生活于农区及草原区，成虫寄生于马、骡、牛、山羊、绵羊、野兔、刺猬等动物身上，幼虫和若虫寄生于刺猬及啮齿类小型动物身上。分布于内蒙古、北京、黑龙江、吉林、辽宁、河北、新疆、山东等地。

嗜群血蜱

嗜群血蜱是哺乳动物和禽类的外寄生虫，以吸血为生，能传播森林脑炎、回归热、蜱传斑疹伤寒等人、兽共患病。多见于针阔混交林和沿河林区，寄生于大型哺乳动物，如山羊、牛、马、狗、狼与人的身上，幼虫及若虫寄生于小型哺乳类（松鼠）及鸟类（山雀、野雉等）的身上。人和动物被叮咬后引起局部丘疹、红肿、瘙痒等皮炎症状，多数患者因搔痒而继发感染，伤口愈合后痒痛和色素斑仍持续数月。分布于内蒙古兴安盟、黑龙江、吉林、辽宁、新疆等北方地域，南方少见。

日本血蜱

日本血蜱生活于林区、山地，多见于柞阔林，寄生于牦牛、马、山羊、野猪、牛、狗、獾及熊等动物身上，也侵袭人，幼虫和若虫寄生于鸟类及啮齿类动物身上。分布于内蒙古、黑龙江、吉林、辽宁、陕西、甘肃、青海等地。

草原血蜱

草原血蜱多生活于干旱性草原，寄生于洞穴型哺乳动物，如鼠类、兔、鼬身上，也寄生于黄羊、黄牛、犬及麻雀等动物身上。分布于内蒙古、黑龙江、吉林、辽宁、河北、山西、宁夏等地。

亚东璃眼蜱

亚东璃眼蜱生活于荒漠或半荒漠地区的戈壁滩胡杨林和红柳沙包附近。成虫寄生在骆驼、绵羊、山羊、牛、马、骡、驴、犬及蒙古兔等动物身上，也侵袭人，幼虫和若虫常寄生在野生小动物身上。分布于内蒙古、吉林、陕西、宁夏、甘肃等地。

草原硬蜱

草原硬蜱分布于草原或半荒漠草原，常寄生于旱獭、草狐、獾、刺猬、长尾黄鼠、犬以及麻雀、紫翅椋鸟等动物身上。分布于内蒙古、黑龙江、吉林、甘肃、青海、新疆、四川、西藏等地。

全沟硬蜱

全沟硬蜱生活于原始林区，多见于针阔混交林，成虫寄生于人及多种哺乳动物身上，幼虫寄生于小型哺乳动物及鸟类身上。分布于内蒙古、黑龙江、吉林、辽宁、新疆等地。

螨

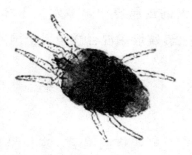

螨属节肢动物门、蜘蛛纲，它有许多种类。螨分躯体和腭体两部分。成虫躯体呈卵圆形，长约 350 微米，在对比良好的情况下刚能为肉眼看到。雌螨一生中共产卵 3 次，第一次 25～50 个；第 2 次 15～30 个；第 3 次仅产数个。螨喜欢生活在潮湿温暖的环境中。水分占螨体重的 81%，当体内水分降至 46.5% 以下时螨即死亡。人皮肤脱屑是螨的理想食料，褥尘中有上皮脱屑，又能保持一定湿度和温度，因而是螨生长繁殖的良好环境。粉尘螨则以粮食为食料，所以常存在于粮尘中。螨除可作为传染源引起传染病外，也可作为致敏物引起变态反应病。

牛蠕形螨

牛蠕形螨寄生于牛的耳、颈、肩、面或腹部两侧及腋部，可形成脓肿，有时大如鸡蛋。蠕形螨寄生于动物毛囊或皮脂腺中，而引起的顽固性皮肤病，称蠕形螨病，又称毛囊虫病或脂螨病。各种家畜各有其固定的蠕形螨寄生，犬和猪较常见，牛、羊也可寄生，但较少见。内蒙古各盟市均有分布。

脂蠕形螨

脂蠕形螨寄生于人的皮脂腺中，多发生于鼻及眼睑部，可致痤疮及酒糟鼻，有的可与毛囊蠕形螨混合感染。全国各地均有分布。

鸡皮刺螨

鸡皮刺螨也叫红螨、栖架螨或鸡螨。虫体呈长椭圆形，后部略宽。虫体淡红色或棕灰色，雌虫长（0.72～0.75）毫米×0.4毫米，吸饱血的雌虫可达1.5毫米。雄虫0.60毫米×0.32毫米。假头长，螯肢1对，呈细长的针状，足很长，末端均有吸盘。能侵染家鸡、麻雀，亦能侵袭人，叮咬后可致皮炎等疾病，也可以传播禽霍乱、禽螺旋体及脑炎病毒等。内蒙古有分布。

仓鼠真厉螨

仓鼠真厉螨可寄生草原黄鼠、五趾跳鼠、草原鼢鼠等多种鼠类身上。分布于内蒙古呼和浩特市、哲里木盟（通辽市、库伦旗、奈曼旗、科尔沁左翼中旗、扎鲁特旗、开鲁县）。

东北血革螨

东北血革螨能寄生于草原黄鼠、长爪沙鼠、跳鼠等多种鼠类及旱獭、鼠兔身上。分布于内蒙古呼和浩特市、呼伦贝尔盟（牙克石市、满洲里市）、锡林郭勒盟（阿巴嘎旗）。

毒厉螨

毒厉螨能侵染社鼠、黑线姬鼠、褐家鼠等鼠类，亦能侵袭人致急性皮炎。分布于内蒙古呼和浩特市（土默特左旗）、哲里木盟（通辽市、奈曼旗）。

山楂叶螨

山楂叶螨危害苹果、梨、桃、杏、李、山楂、樱桃、海棠等果树的嫩芽，对果树生长及果实质量、产量有严重影响。全国各地均有分布。

恙螨

恙螨的成虫和若虫营自生生活，幼虫寄生在家畜和其他动物体表，吸取宿主组织液，引起恙螨皮炎，传播恙虫病。重要种类有地里纤恙螨和小盾纤恙螨等。北方纤恙螨栖于鼠类洞穴及潮湿地带，侵染褐家鼠、黑线姬鼠、林姬鼠等鼠类，分布于内蒙古呼伦贝尔盟；小盾纤恙螨侵染东北鼠兔、黄毛鼠等鼠类，常见栖于鼠巢内及潮湿地带。人被恙螨幼虫叮咬可引起恙螨性皮炎。恙螨还会传播恙虫病。

蟑 螂

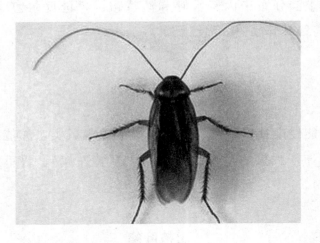

蟑螂是人们生活中常见的讨厌而可恶的昆虫，从石炭纪开始，它们就出现在地球上了。石炭纪，在地质学上是古生代的第五纪，距今大约有 35000 万年～27000 万年。那时候，地球上的气候温暖，植物生长得高大茂密。后来，海水浸满大陆，这些茂密的植物，就沉积在地层里，逐渐形成了煤层。就在这个地质年代以前，蟑螂就已经在这个地球上生活了。

从石炭纪以后，地球表面发生了无数次变迁，很多昆虫类销声匿迹，可是蟑螂却顽强地生存了下来，一直到今天。

蟑螂的自我保护能力

蟑螂令人讨厌，但如果人要想用手去抓它，又是非常不容易的，只要你一伸手，它就逃掉了。为什么蟑螂这样敏感呢？原来，它有一对构造特殊的尾须。正是这对尾须，保护了蟑螂这种古老的昆虫，使它在大自然的选择过程中，能世代延续 3 亿年之久。

蟑螂的尾须上，密密麻麻地覆盖着许多细小的毛，这些毛分两种：一种细毛形似猪鬃，较短而尖；另一种细而长，看上去像单根的人发。它的茎部在一个圆盘状的小丘中央。正是这种"丝状细毛"的根部构成了一个高度灵敏的微型震动器，它不但能感觉震动的强度，而且可以感觉震动来自何方。蟑螂得到了尾须传来的信息，就立即逃之夭夭了。

蟑螂的危害

蟑螂是在黑夜人们都睡熟的时候才出来找食的。如果寻找不到食物，就爬到厕所、马桶、便盆里去寻找，不管是粪便、尿液，凡是含有有机物质的，不管是香的、臭的，它都要吃。吐在地上的痰液、动物的粪便、腐烂的小动物尸体，它都吃。在这些脏东西里，有各种各样的细菌，蟑螂带着这些细菌爬到食物上来，就把细菌带到食物和器皿上了。蟑螂虽然不是传播某种传染病的特定昆虫，但是在它们爬过食品时却会通过其排泄物和机械途径（脚爪和体表）传播微生物。它是痢疾杆菌、大肠杆菌、霍乱菌、鼠疫菌等病菌传播的媒介。蟑螂不但能传染肝炎等许多消化道疾病，还能传染结核病。科学实验表明，这些病菌在蟑螂的粪便中都有活动。蟑螂也是寄生在老鼠和人身体里的棘头虫、成虫类的中间宿主。如果蟑螂实在找不到食物，就到书柜或书箱里去吃书脊上的浆糊，把书籍咬坏；还会钻到收音机、电视机里面，把线路的包皮咬破。蟑螂的破坏性极大，在我国，蟑螂是四害之首。

蟑螂的防治

蟑螂的耐饥能力极强，红棕色蟑螂的成虫能挨饿 40 昼夜；幼虫能挨饿 22 昼夜；黑色蟑螂的幼虫能挨饿 80 昼夜。蟑螂不但触角灵敏，又很会利用假死来伪装自己。由于蟑螂的身体扁平而柔软，只要有 2～3 毫米宽的缝隙，就能钻进去藏起来，使人们对它束手无策。现有的防治蟑螂措施：环境防治、物理防治、化学防治和生物防治，每一种防治措施都有自己的特点。但是，彻底灭掉蟑螂是需要一定气力的，而且必须时时防止蟑螂死灰复燃。

蜣　螂

蜣螂，别名推粪虫、推屎爬、屎壳郎、粪球虫、铁甲将军、牛屎虫、推车虫。蜣螂是一种鞘翅目昆虫。这种昆虫有肥厚的角质前翅，无明显翅脉，而称为"鞘翅"。因它们体躯比较坚硬，有光泽，通常也称为"甲虫"。鞘翅目是昆虫纲目中最大的目之一，约占虫类总数的40％。蜣螂就是鞘翅昆虫的一种。它的虫体是暗黑色，触角赤褐，末端膨大。世界上有2万多种蜣螂，分布在南极洲以外的任何一块大陆。

"屎壳郎推粪球"

屎壳郎是有"专长"的，只用它来打趣取笑是有点不公道的。每年夏秋季节，当你漫步山间小径或草原旷野时，常会看到一对对黑色的小甲虫在用力滚动着一块乒乓球大小的垃圾，慢慢地行进着，这就是人们经常引为趣谈的"屎壳郎推粪球"。屎壳郎推粪球的本能，在昆虫中最为特殊。

屎壳郎的粪球得来也不容易，当找到粪便时，先用头上的触须去试探温度是否适宜，味道是否可口，然后使用角和足翻动搓揉起来，潮湿的粪便终于被揉成了不大也不甚圆的粪块，便开始滚动起来，粪块经过滚动时的挤压力，越滚越圆，同时粘上一层又一层的土粒。如果地面太干，粘不住土时，这看来笨拙的甲虫，还会从肛门排些稀粪粘上，直到粪球增大到像个乒乓球大小时才算满意。

屎壳郎推粪球时，一个在前面，用后足抓球，用中足和前足爬行，用力向前拉；在后面的一个，用前足抓紧，用中足和后足行走，用力向前推。如果碰上障碍时，后面的一个会把头俯下来，用力向前拱几下。原来这对同心协力拉球又推球的甲虫，还是一对不久前刚成亲的新婚夫妻哩！

蜣螂的生育方式

蜣螂（屎壳郎）为什么要竭尽全力去滚动这个粪球呢？原来是为将来生儿育女做准备。当它们把粪球推到一处安静而隐蔽的地方时，便由雌屎壳郎用头上钉耙状的角和三对带齿的足，把粪球下面的土挖松，粪球便随着松动的土越陷越深，直到它认为将来的幼儿不会被天敌伤害或寒冬摧残时，才在粪球上挖个小洞，产下一粒白色的卵。略为休息后，便顺着松软的土洞向上爬，每爬上一段，还要把松土踏实，直到爬出洞来。这时在洞外等待并负有警戒任务的雄屎壳郎，还会协助雌屎壳郎用足蹬，用腹部压，直到认为地表上的土与周围完全一样时，才算完成了一次生儿育女的繁忙工作。蜣螂产在粪球上的卵，经过一段时间，便发育成一只白胖的幼虫来，人们称它为"蛴螬"，粪球便成为这只小生命的食料。

神圣的蜣螂

在古埃及人看来，蜣螂是一种神圣的动物。他们相信在空中有一个巨大的蜣螂，名叫克罗斯特，是它用后腿推动着地球转动的。据说，古埃及人是从蜣螂的孵育室中得到启示而找到了使法老遗体防腐的方法。在埃及到处可见它的图腾商品、形象、文字。在那里，它不仅是避邪的护身吉祥之物，也是象征生命不朽及正义之物。另外还有如《鹰和蜣螂》这样的寓言故事，告诉人们，弱者可以向强者挑战，只要不屈不挠，坚持战斗，最终弱者也会取得胜利。

蜣螂的益处

屎壳郎（蜣螂）有没有好名称呢？也有。埃及把它称为"宣圣虫"。这种宣圣虫收集了龌龊的东西滚成球，滚到地下的洞里。它吃这个球是无厌的，往往一连吃十几天都不休息，直到吃完为止，埃及人曾把这种能去污的带有不良气味的甲虫，视为红鹤一样神圣。有的蜣螂还可以入药，具有解毒、消肿、通便作用，可用于治疗疮疡肿毒、痔漏、便秘等。总之，屎壳郎虽然有许多不好的名声，实际上它却做着有利于人类的工作，应当属于益虫之列。

臭蜣螂

臭蜣螂通体黑色，雄虫头顶有一角状突起，前胸背板强烈向后下方凹陷，并在凹陷边缘形成尖角；雌虫头部和前胸背板正常；鞘翅上有纵脊。有趋光性。体长 20～30 毫米。臭蜣螂生活在草原牧场，成虫取食牲畜粪便。对促进草原有机物的分解转化，保持生态平衡具有十分重要的作用。分布于内蒙古、吉林、辽宁、河北、河南、山东等地。

墨侧裸蜣螂

墨侧裸蜣螂别名北方蜣螂，成虫栖息在草原牧场的马粪上，雌、雄有滚粪球的习性，前拉后推，并在滚好的粪球上产卵一枚，埋入土中。成虫群集性，受惊后集中迁飞。鞘翅飞行时不打开，从鞘翅下面伸出后翅，飞行速度相当快，并发出嗡嗡响声。成、幼虫均以食粪为生。分布于欧洲南部、北非、巴尔干半岛、高加索、小亚细亚、巴勒斯坦，我国黑龙江、吉林、辽宁、新疆、内蒙古、河北、山东、江苏、浙江等地。

立叉嗡蜣螂

立叉嗡蜣螂生活在草原牧场的牛、马、羊的粪便中，成虫取食牲畜粪便，在牲畜粪便下面土中打洞产卵。对促进草原有机物的分解转化，保持生态平衡具有十分重要的作用。分布于内蒙古、山西等地。

台湾蜣螂

台湾蜣螂生活在草原牧场，成虫取食牲畜粪便，对促进草原有机物的分解转化，保持生态平衡具有十分重要的作用。分布在台湾、内蒙古等地。

金 龟

黑蜉金龟

黑蜉金龟成、幼虫生活在牛、马、羊粪便中，以牲畜粪便为食。成虫有迁飞性，产卵于粪便下方的土中。可促进有机物的分解转化，在保持生态平衡中具有重要的作用。内蒙古锡林郭勒盟正镶白旗有分布。

三斑蜉金龟

三斑蜉金龟生活在草原牧场的牛、马、羊粪便中，成虫以牲畜粪便为食，有迁飞性，产卵于粪便下方的土中。对促进草原有机物的分解转化，保持生态平衡具有十分重要的作用。分布于东北、华北地区。

华北大黑鳃金龟

华北大黑鳃金龟体长 2 厘米左右。2 年发生 1 代，以幼虫、成虫隔年交替越冬。白天躲在土里，晚上出来活动。爱吃植物根苗，可危害 29 种植物，喜食大豆、花、苜蓿、甜菜、玉米、榆树、花椒的叶片。分布于北京、天津、河北、内蒙古、山西、陕西、宁夏、甘肃、山东、江苏、安徽、浙江、河南、江西。

小黑鳃金龟

小黑鳃金龟成虫危害高粱、玉米、谷子、豆类、甜菜、马铃薯、蔬菜。分布于北京、内蒙古、吉林、辽宁、河北。

大云鳃金龟

大云鳃金龟 3～4 年完成 1 代，以幼虫越冬，6 月下旬成虫始见，成虫趋光性较强。成虫危害松、杉、杨、柳等树叶，幼虫危害树苗、大田作物、灌木及牧草的地下茎和根，常造成很大危害。分布于黑龙江、吉林、辽宁、河北、山西、内蒙古、陕西、山东、江苏、安徽、浙江、福建、河南、云南、四川。

大皱鳃金龟

　　大皱鳃金龟2年发生1代，以幼虫和成虫隔年越冬。老熟幼虫7～8月羽化，当年不出土，在土中越冬，翌年早春上升地面，取食植物芽、叶及嫩茎。幼虫食害植物根皮，食性杂，对固沙植物危害极大。分布于内蒙古、陕西、宁夏、甘肃。

黑皱鳃金龟

　　黑皱鳃金龟成虫，体中型，长15～16毫米，宽6.0～7.5毫米，黑色无光泽，刻点粗大而密。2年完成1代，以成虫、幼虫越冬。成虫白天活动，以中午12时至下午2时活动最盛。卵多产于大豆、小麦、玉米、高粱、马铃薯等作物田中，严重危害玉米、高粱、谷子等禾本科作物和豆类、花生以及块根、块茎类作物，常造成缺苗断垄。分布很广、内蒙古、黑龙江、吉林、辽宁、河北、山西、陕西、山东、安徽、河南、湖南、江西、台湾均可见。

中华弧丽金龟

中华弧丽金龟1年发生1代，为我国北方地区重要地下害虫之一。成虫杂食性，可取食19科30多种植物。幼虫严重危害花生、大豆、玉米、高粱等大田作物。分布于内蒙古、黑龙江、吉林、辽宁、河北、山西、陕西、宁夏、甘肃、山东、江苏、安徽、浙江、福建、河南、湖北、广东、广西、贵州、台湾。

苹毛丽金龟

苹毛丽金龟成虫体卵圆形，长10毫米左右。头胸背面紫铜色，并有刻点。鞘翅为茶褐色，具光泽。由鞘翅上可以看出后翅折叠之"V"字形。腹部两侧有明显的黄白色毛丛，尾部露出鞘翅外。后足胶节宽大，有长、短距各1根。1年发生1代，以成虫越冬，成虫3月下旬至5月中旬出土，白天活动，无趋光性。是我国东北西部防护林带的主要害虫之一。成虫可食害11科30余种植物，喜食嫩叶和花，幼虫以腐殖质植物须根为食，一般危害不显著。分布于内蒙古、黑龙江、吉林、辽宁、河北、河南、山西、山东、江苏、安徽、四川。

阔胸禾犀金龟

阔胸禾犀金龟在华北地区两年完成1代，以幼虫、成虫越冬。是东北、华北地区主要的地下害虫。幼虫危害大麦、小麦、高粱、大豆、白薯、花生、胡萝卜、白菜、葱、韭菜等地下的根、茎。分布于黑龙江、吉林、辽宁、河北、山西、陕西、内蒙古、宁夏、甘肃、青海、山东、江苏、浙江、河南。

赤斑花金龟

赤斑花金龟别名乡锈花金龟、褐锈花金龟。成虫食害苹果、梨、棉花、麻栎、榆树、柏、松树、农作物和林木的花和嫩枝芽。分布于内蒙古、黑龙江、河北、江苏、安徽、河南、江西、四川、俄罗斯、日本、朝鲜。

蜻　蜓

蜻蜓的头部有两个大而突出的眼睛叫做复眼。每个眼睛是由许多小眼睛组成的。蜻蜓的复眼里为什么长这么多小眼睛呢？原来每种昆虫的复眼都是由许多小眼睛组成的，只是数目不同。小眼睛越多，看东西越清楚。蜻蜓的视力很好，它在空中飞翔时就能看见食物，以闪电般的速度捕捉到蚊、蝇等小昆虫，这种吃东西的方法叫做飞行捕食。

飞行的蜻蜓

蜻蜓有两对翅膀，翅膀很薄，像一层苇膜似的。它的翅膀不但薄，而且透明柔软，翅面里有许多翅脉，像骨架支持着翅膜。长约5厘米，面积约4.6平方厘米的翅重量仅0.005克。蜻蜓的翅虽然很薄可是特别结实，每秒钟扑动30多次，每小时飞行50多千米不损坏，真令人惊叹！

黄 蜻

黄蜻属差翅亚目，蜻科。分布较广，见于吉林、辽宁、北京、河北、河南、山东、山西、陕西、甘肃、江苏、浙江、福建、安徽、广东、海南、广西和云南乃至世界各地都有，是世界上最常见的蜻蜓。黄蜻雄性胸部黄褐色，具黑色条纹；翅痣黄色；足黑色，具黄色条纹；腹部赤黄色，具黑褐色斑。雌虫体色较浅。它体长50毫米，翅展80毫米。1～2年完成1代。成虫产卵于水草茎叶上，孵化后生活于水中。若虫以水中的浮游生物及水生昆虫的幼龄虫体为食。雄性身体比雌性坚硬些，羽化后的黄蜻颜色很浅，雄性黄色，但是过段时间则变为深黄色接近红色，头部深红色。而雌性刚羽化时则是浅黄色，过段时间才会变成黄色。通常在下雨前低飞，以捕捉空中的蚊子等害虫。接近黄昏时常成群结伴的在空中飞翔。傍晚喜欢停歇在植物上。黄蜻体型中等。翅膀和其他蜻蜓身体按比例比较起来，比较宽阔，尤其是下翅。

玉带蜻

蜻蜓目蜻科。雄虫腹长约30毫米，后翅长30毫米，体黑色，头顶及瘤状突蓝黑色，额黄色。胸部具黄色长毛，背条纹不明显，肩前下条纹黄色，胸部两侧各具2条黄色斜条纹。翅透明，翅痣黑色，前缘附近略带黄色，翅端与翅基有黑褐斑；后翅基的斑大。足黑色。腹部第三四节黄白色；上肛附器黑褐色。雌虫：第四腹节具黑色横带。玉带蜻飞行技术高超，较难捕捉，前后左右，甚至倒退，都可以飞行。也可以急速转弯，而且加速度极快，平时总爱来回巡逻，对自己的领地有占有现象，经常可以看到在水库边或者池塘边有雄虫在保卫自己的领地，一旦有另一只雄虫飞过就马上将其赶跑，这样一来可以截住路过的雌蜻蜓进行交配，二来可以占有有利的领地捕食其他昆虫，它不会令自己的领地长时间处于无人看守的状态，一般早上到下午没有下雨的时候都会在自己的领地来回的巡查。

猩红蜻蜓

猩红蜻蜓全身几乎为鲜红色，腹部背面有一微细黑色线条，翅透明，基部有些许橙色。蜻蜓是肉食者，常以其他小型昆虫为食，蜻蜓的幼虫叫水虿，生活在水中，也是肉食性。猩红蜻蜓的特征是雄虫胸腹部均为红色，腹部背面中央有一条细黑线，雌虫体色为黄褐色或褐色。成虫出现月份为4～12月。成熟的雄虫藏在水域周围的枝条或草本植物上停栖占据领域。雌虫或未成熟的雄虫则经常在水域附近草丛间活动觅食。常栖息于池塘、水田、沼泽等静水域。雌虫以连续点水的方式产卵。成虫期为3～11月。

猩红蜻蜓捕食

脚向前方伸张开，由于它每只脚上，生有无数细小而锐利的尖刺，就像步兵，准备冲锋时步枪上上了刺刀一样，它的六只脚合拢起来的时候，就像一只小笼子，当它朝着飞翔的小昆虫加速猛冲过去的时候，小昆虫就被捕捉到用六只脚合拢成的"笼子"里面去了。然后猩红蜻蜓就用它的大嘴逍遥自在地大嚼大吃起来。

猩红蜻蜓的眼睛

猩红蜻蜓的两只大复眼，也是昆虫类中无可比拟的。它的复眼中一共有二万只至二万八千只左右的小眼睛，是一般昆虫复眼的10倍。它的眼睛的构造也非常特殊。复眼上半部分的小眼睛，专门看远处的物体；下半部分的眼睛，是专门看近处的。这和近视镜片下边加了一块老花小镜片，即所谓老年人用的"双光眼镜"的原理是完全一样的。昆虫的眼睛，一般说来都是近视眼，可是，猩红蜻蜓的眼睛，却是远近都能看。不过距离太远的物体是看不太清楚的，最远也只能看到五米到六米远。尽管猩红蜻蜓眼睛的视力比较好，远近都能看，但对物体的形状却似乎辨别不清，它只能够看到物体的活动，这样便可以捕捉到飞翔着的小昆虫了。凡是能飞、能动的小昆虫，不管它是什么形状，只要在猩红蜻蜓的视野范围以内，都可以被它捉到吃掉。

条斑赤蜻

条斑赤蜻在选择生活的水域时不挑剔，最重要的是水温在 $16 \sim 21^{\circ}C$ 之间。幼虫生活在不深的水下的植物上，尤其喜欢狐尾藻和狸藻。假如水里没有许多鱼的话，它们也会待在没有水藻的地方，在浅水中它们也生活在水底下。不论它们生活在水草里还是生活在水底，它们尽量寻找植物不过分密集，阳光充沛的地方。它们待的地方一般是静水，水面顶多由于风的作用而运动。它们待的水深主要由水温决定。假如水温条件好的话它们也可以生活在一米深的水里，但是一般它们不潜这么深。它们对水的酸度要求不高，不过比较喜欢营养丰富的水域。只有在 pH 值低于 5 的酸性水域里它们不能生活。假如水完全干枯的话它们无法生存。变成成虫后条斑赤蜻的翅膀足够硬了就移居到离水域 30 至 200 米远的地方，来防止自己被经常在水域边上巡视的鸟吃。此后它们也可能飞到离水域数千米远的地方。它们主要生活在草地、林间空旷地和花园里。它们挑选满足幼虫生活需要的水域生殖。这样的水域的岸比较平缓，岸边的草不太茂密。成虫和幼虫一样喜欢待在阳光充沛的地方。

苍蝇

　　全世界有双翅目的昆虫132个科12万余种，其中蝇类就有64个科3.4万余种，主要蝇种是家蝇、市蝇、丝光绿蝇、大头金蝇。苍蝇的一生要经过卵、幼虫（蛆）、蛹、成虫四个时期，各个时期的形态完全不同。苍蝇具有一次交配可终身产卵的生理特点，一只雌蝇一年内可繁殖10～12代。苍蝇食性很杂，有专门吸吮花蜜和植物汁液的，有专门嗜食人、畜血液或动物伤口血液和眼、鼻分泌物的，有的蝇类还广泛摄食人的食品、畜禽分泌物与排泄物、厨房下脚料及垃圾中的有机物等。

苍蝇是怎样飞行的

　　我们都知道昆虫不完全都是两对翅膀，像臭虫、跳蚤没有翅膀；地鳖（俗称土鳖）雌的没翅膀，雄的有翅膀；像蚜虫、蚂蚁有时候有翅膀，有时候又没翅膀；像苍蝇、蚊子只有一对翅膀。那么，它们那对翅膀哪去啦？原来在翅的后方两侧各有一个哑铃状的小棒，这个棒状结构就叫做平衡棒，它是由后翅变化来的。这一对小小的平衡棒可有大用途啦。

苍蝇在飞翔时，可以突然掉过头来，还可以定点悬空。落在某处起飞时，不用助跑直接飞起、直上直下，速度之快，令人惊讶。苍蝇在飞翔时，平衡棒就振动起来了，每秒振动 330 次，它的振动次数与前翅一样，但是方向相反。苍蝇在水平飞翔时，平衡棒就起到平衡和稳定身体的作用。平衡棒一振动就刺激苍蝇的大脑，大脑就可以判断飞行的方向。如果飞行的方向偏离了，平衡棒的振动平面就发生变化。苍蝇的大脑就可以指挥进行纠正，使它向着要去的方向飞行。所以平衡棒是苍蝇的平衡器和导航仪。

苍蝇的害处

苍蝇的繁殖能力极强，繁殖速度极快，存活能力极强，生存环境极广，食性极其复杂，在 20～30℃时非常活跃。有的苍蝇连续地叮爬食物，边吃边吐、边吃边排粪，极其令人厌恶。小家蝇在我们生活周围的垃圾箱最常见；绿蝇和丽蝇在农贸市场的水产摊位和水果摊位最多见；大头金蝇常在倒粪池等处见到。苍蝇身上带着无数的细菌、病毒，能携带病原体传播疾病，如细菌性疾病的霍乱、伤寒、痢疾、细菌性食物中毒等；病毒性疾病的脊髓灰质炎、病毒性肝炎、沙眼等；原虫性疾病的阿米巴痢疾；寄生虫病的蛔虫和囊虫病等。苍蝇中还有一种吸血蝇，顾名思义，它是以吸血为生，好在它主要侵犯家畜，对人类危害不大。但苍蝇的存在，极大地影响了环境和食品卫生。苍蝇是"四害"之一，必须坚决保持环境卫生。

林莫蝇

"林莫蝇"，莫蝇科莫蝇属。它们主要分布于朝鲜、日本和欧洲大部分地区。成虫栖息于森林、草原、粪块、垃圾、室内动物身上，也到植物上采食花蜜。我国内蒙古、黑龙江、山西、青海、新疆、四川有分布。

秋家蝇

秋家蝇雌虫几乎同家蝇相同，雄虫腹部橙色，中央有黑色标记。雌虫长约6～7毫米，通常大于雄虫。在野外动物粪便中繁殖。根据环境温度，整个生活史大约12～20天，一个夏季大约繁殖12代。成蝇血食性，晚秋种群密度高。秋家蝇侵袭牛和马，通常在脸上，特别是眼睛周围。秋家蝇非常强壮，能够飞行几英里，但大多数时间在繁殖地附近活动。分布于内蒙古、河北、山西、宁夏、甘肃、青海、新疆。

逐畜家蝇

逐畜家蝇幼虫生长于牛粪中，成蝇主要在牛粪上，雌蝇有吸血习性，舐吸牛身上被其他昆虫咬伤后流出的血液。分布于内蒙古、北京、上海、吉林、辽宁、河北、山西、宁夏、甘肃、山东、江苏、安徽、浙江、福建、河南、湖北、湖南、江西、广东、广西、海南、云南、贵州、四川、西藏、台湾。

家　蝇

家蝇是喜室内居住的蝇类，幼虫杂食性，喜食人畜粪便，是农村城镇中常见的蝇类之一，与人的饮食物及食具接触频繁，与疾病的传播有很大的关系。全国各地均有分布。

孕幼家蝇

孕幼家蝇成虫栖息于树林、果园、草地、屠宰场、畜棚畜园、庭院中以及家畜身上。吸食牛伤口上的血，也舐食人血。是牛眼线虫的中间宿主。分布于内蒙古、陕西、宁夏、甘肃、新疆。

鱼尸家蝇

鱼尸家蝇的幼虫生长于动物内脏、腐鱼等腐败动植物中。分布于内蒙古阿拉善盟（额济纳旗）、广东、广西、云南、四川。

夏厕蝇

蝇科厕蝇亚科昆虫的一种，又称小家蝇，世界性分布。幼虫生长在人或动物的粪便中与腐败动植物中，也生于动物尸体及发酵的或溃烂的食物中。成蝇常侵入室内，幼虫形状特殊，体略扁平。卵与幼虫常随食物进入人体，亦可进入尿道和肠腔，引起蝇蛆症。蛹壳仍保留幼虫期的分枝突起，很像幼虫。成虫栖息在野外或人群聚居场所，会传播一些疾病。

肠胃蝇

肠胃蝇幼虫寄生于马、骡、驴胃内，有时也在食道及十二指肠内发现，卵产于马体鬃、胸、腹及腿部的毛上，成虫6～7月始见，8～9月份进入盛期。可致使寄主胃消化、运动和分泌机能障碍，以及由于幼虫分泌毒素，致使宿主慢性消瘦和中毒，严重时可引起死亡。分布于内蒙古、山西、陕西、甘肃、新疆。

驼头狂蝇

驼头狂蝇成虫5～6月出现，在晴天无大风时活动，雌蝇产卵于骆驼鼻腔口处。幼虫在骆驼鼻腔内钻入鼻窦，约10个月，成熟后又移至鼻腔，当骆驼打喷嚏时，随之而出，钻入土内化蛹。每头雌蝇可产800～900头幼虫。分布于内蒙古、黑龙江、吉林、辽宁。

驯鹿蝇

驯鹿蝇幼虫寄生于驯鹿鼻腔内。检查驯鹿，如果从鼻腔中采到大量蝇蛆，那么感染率就 100％。感染强度为 102～223 条。分布于内蒙古呼伦贝尔盟。

羊狂蝇

羊狂蝇成虫于 4～9 月活动，在晴朗无风的时候飞向羊身，产幼虫于羊口旁鼻孔附近，然后进入鼻腔，用口钩钩着鼻黏膜再进入鼻窦，蜕化，发育和成长。成熟后再移回鼻腔，随羊的喷嚏而出，落地化蛹，经过 1 个多月羽化为成虫。分布于内蒙古、山西、陕西、青海、新疆。

紫鼻狂蝇

紫鼻狂蝇成虫于夏季 6～9 月活动，每头雌蝇一生可产幼蛆 700～800 头。幼虫产在马、驴等鼻孔附近的毛或皮上，然后进入鼻腔内，再进入鼻窦，经过 10 个月左右，幼虫成熟后再返回鼻腔，落地后化蛹。此蝇偶尔也产幼虫于人的眼边，侵入眼内。在我国的分布范围比较小，仅在内蒙古、新疆和西藏阿里地区有见。

其 他

蚂 蚁

　　蚂蚁是一种有社会性生活习性的昆虫，属于膜翅目，蚂蚁的触角明显的膝状弯曲，腹部有一二节呈结节状，一般都没有翅膀，只有雄蚁和没有生育的雌蚁在交配时有翅膀，雌蚁交配后翅膀即脱落。蚂蚁是完全变态型的昆虫，要经过卵、幼虫、蛹阶段才发育成成虫，蚂蚁的幼虫阶段没有任何能力，它们也不需要觅食，完全由工蚁喂养，工蚁刚发展为成虫的头几天，负责照顾蚁后和幼虫，然后逐渐地开始做挖洞、搜集食物等较复杂的工作，有的种类蚂蚁工蚁有不同的体型，个头大的头和牙也大，经常负责战斗保卫蚁巢，也叫兵蚁。蚂蚁的寿命很长，工蚁可生存几星期至3～7年，蚁后则可存活十几年或几十年，甚至50多年。一个蚁巢在1个地方可存在1～10年。

蚊

蚊科是昆虫纲双翅目之下的一个科。该科生物通常被称为蚊或蚊子，是一种具有刺吸式口器的纤小飞虫。通常雌性以血液作为食物，而雄性则吸食植物的汁液。吸血的雌蚊是登革热、疟疾、黄热病、丝虫病、日本脑炎等病原体的中间寄主。除南极洲外各大陆皆有蚊子的分布。

蚊子的唾液中有一种具有舒张血管和抗凝血作用的物质，它使血液更容易汇流到被叮咬处。被蚊子叮咬后，被叮咬者的皮肤常出现起包和发痒症状。蚊子属四害之一，其平均寿命不长，雌性为 3～100 天，雄性为 10～20 天。

蜜 蜂

蜜蜂是一种会飞行的群居昆虫，属膜翅目蜜蜂科。体长 8～20 毫米，黄褐色或黑褐色，生有密毛；头与胸几乎同样宽；触角膝状，复

眼椭圆形，口器嚼吸式，后足为携粉足；两对膜质翅，前翅大，后翅小，前后翅以翅钩列连锁；腹部近椭圆形，体毛较胸部为少，腹末有螯针。它们被称为资源昆虫。蜜蜂群体中有蜂王、工蜂和雄蜂三种类型，群体中有一只蜂王（有些例外情形有两只蜂王），1 万到 15 万工蜂，500 到 1500 只雄蜂。蜜蜂源自于亚洲与欧洲，由英国人与西班牙人带到美洲。蜜蜂为取得食物不停地工作，白天采蜜、晚上酿蜜，同时替果树完成授粉任务，为农作物授粉的重要媒介。

蝴　蝶

　　蝶，通称为"蝴蝶"，全世界大约有 14000 余种，大部分分布在美洲，尤其在亚马孙河流域品种最多，在世界其他地区除了南北极寒冷地带以外，都有分布。蝴蝶一般色彩鲜艳，翅膀和身体有各种花斑，头部有一对棒状或锤状触角。最大的是澳大利亚的一种蝴蝶，展翅可达 26 厘米；最小的是灰蝶，展翅只有 15 毫米。大型蝴蝶非常引人注意，专门有人收集各种蝴蝶标本，在美洲"观蝶"迁徙和"观鸟"一样，成为一种活动，吸引许多人参加。蝶类成虫吸食花蜜或腐败液体，多数幼虫为植食性，大多数种类的幼虫以杂草或野生植物为食，少部分种类的幼虫因取食农作物而成为害虫；还有极少种类的幼虫因吃蚜虫而成为益虫。蝶类翅色绚丽多彩，人们往往把它作为观赏昆虫。

四、哺乳动物

鲸

　　有人把鲸叫"鲸鱼"，其实鲸不是鱼，而是一种海兽，是生活在海洋中的哺乳动物。有的鲸身体很大，最大的体长可达 30 米，是世界上最大的动物。鲸的形状像鱼，胎生，鼻孔在头的上部，用肺呼吸。鲸分为两类：齿鲸类和须鲸类。由于人类的捕杀，目前全世界 13 种鲸中已有至少 5 种濒临灭绝。为保护鲸类，国际捕鲸委员会自 1986 年起禁止商业捕鲸活动，但 1987 年这一禁令出现松动，允许"以研究为目的"的限量捕鲸活动。尽管遭到广泛反对，有一些国家每年仍以科学研究为名大量捕杀鲸类。

座头鲸

鲸分两类，它们当中有的口中没有牙齿只有须，叫须鲸；有的口中有牙齿没有须，叫齿鲸。座头鲸口中没有牙齿，只有梳子一样的须，属于须鲸的一种。最大的座头鲸体长15米，重四五十吨。黑黑的脊背，白白的肚皮，头部特大，占体长的1/3，两个前鳍肢特别长，很像两根大船桨。它们生活在太平洋、大西洋以及南极附近海域中，我国的黄海北部和台湾省海区也有它们的踪迹。它们洄游时成群结队，多达数百头。座头鲸是有社会性的一种动物，性情十分温顺可亲，同伴间眷恋性很强。不过，在与敌害格斗时，它会毫不犹豫地用特长的鳍状肢，或者强有力的尾巴猛击对方，甚至用头部去顶撞，不惜皮肉破裂，鲜血直流。

会唱歌的鲸

最近几十年，人们发现雄性座头鲸会"唱歌"，一"唱"就是几个小时甚至一整夜。科学家们长年追踪它们，录下它的"歌声"，用计算机分析，发现它的频率结构很像作曲家谱写乐曲，不仅有主题，而且每个主题分成若干乐段，各个乐段又由若干单节组成。科学家发现，每年冬天，成群的座头鲸都向比较暖和的海域游去，它们要在那里生儿育女，繁殖后代。在这繁殖期间，雄性座头鲸会用雷鸣般的低音和尖锐的高音反复地高"唱"，交织成一首美妙的乐曲，歌声雄壮而缓慢，节奏分明。

凶猛的虎鲸

虎鲸生性凶猛而贪婪，过着掠夺性的肉食生活。它不仅主动捕食其他的海兽、大型鱼类、乌贼等，还会使用诡计，以装死来诱捕海鸟、海兽，既凶残又狡猾。它们常常潜游到海豹栖息的浮冰底下，用背脊掀翻冰块，使海豹落水，再趁机吞食。

虎鲸的生态习性

在世界各大洋里，都有虎鲸出没，但它们的主要栖息地是在靠近极地的冰冷水域。在野生动物中，虎鲸的寿命可以同人类相比，其性成熟期是在 10～15 岁。虎鲸虽然有"海中霸王"之称，不过它们只吞食鱼类、海豹等动物，从未听说虎鲸伤害人类的事例。经过驯养的虎鲸，性情温顺，甚至可以表演许多精彩的节目。

最大的动物——蓝鲸

蓝鲸分布在南北半球各大海洋中，但热带海域少见，以南极附近居多。鲸类可称世界上最大的动物，而蓝鲸又是鲸类家族中的冠军，事实上它也是自古至今最大的动物。最大的蓝鲸长达33米，重200吨，比40头大象还重。一条中等大小的蓝鲸，它的舌头就有3吨重，肝脏一吨重，心脏半吨重。蓝鲸的头非常大，舌头上能站50个人。它的心脏和小汽车一样大。婴儿可以爬过它的动脉，刚生下的蓝鲸幼崽比一头成年象还要重。蓝鲸力量大得惊人，其功率抵得上一辆火车头。

蓝鲸的生态习性

蓝鲸全身灰蓝色，胸部有白斑，鳍短小，无牙齿，以上颌数百条角质鲸须代替，鲸须有过滤作用。蓝鲸虽大，但只吃小型浮游生物，尤其喜吃磷虾和甲壳类。蓝鲸通常捕食它能找到的最密集的磷虾群，这意味着蓝鲸白天需要在深水（超过 100 米）觅食，夜晚才能到水面觅食。觅食过程中蓝鲸的潜水时间一般为 10 分钟。潜水 20 分钟并不稀奇，最长的潜水时间纪录是 36 分钟。蓝鲸一天能吞食 8 吨磷虾。

蓝鲸的家庭

虽然有人曾见到 50～60 只蓝鲸成群活动，但一般很少结成群体，大多数是孤独的，或仅有两三只在一起活动。双栖的蓝鲸非常和睦，它们成双成对地游泳、潜水、觅食和呼吸，宛如鸳鸯，形影不离，身后常常留下一条宽宽的水道。3 只在一起的蓝鲸，大多为雌兽和一只幼仔鲸紧靠在一起，雄兽尾随其后，相距大约 3 米左右。蓝鲸一般每两年生育一次，每胎一仔。科学家估计蓝鲸的寿命可达 90～100 年。

海　豚

海豚属于哺乳纲鲸目齿鲸亚目海豚科，通称海豚，共有 62 种，分

布于世界各大洋。海豚是鲸类家族的小兄弟,世界各海洋均有分布。普通海豚身长约 2 米。吻尖突出,口内上下颌各有 40~50 枚尖细小齿。背中央有背鳍,头顶上有一鼻孔通气。背部青黑色或灰色,下部白色,两眼有黑圈。主要以小鱼、乌贼、虾、蟹为食。

聪明的海豚

海豚有海洋中"智能动物"之称。它的脑子较大,脑重可占体重的 12‰,而猩猩的脑重只占体重 7‰,人的大脑占本人体重的21‰。它的大脑半球主要由灰质组成,表面有许多沟纹。海豚的大脑由完全隔开的两部分组成,当其中一部分工作时,另一部分充分休息,因此,可终生不眠。海豚是一种本领超群、聪明伶俐的海中哺乳动物。经过训练,能打乒乓球、跳火圈等。各国水族馆多有饲养,极受欢迎。

海豚的集体生活

海豚喜欢过"集体"生活,少则几头,多则几百头。海豚常集合成大群巡游海面,在水中跳跃,常从浪涛中跃出,全身成弓形。海豚是海兽中的游泳冠军,游速每小时可达 70 千米,任何船只都难以赶上。海豚是一类智力发达,非常聪明的动物,它们既不像森林中胆小的动物那样见人就逃,也不像深山老林中的猛兽那样遇人就张牙舞爪,海豚总是表现出十分温顺可亲的样子与人接近,比起狗和马来,它们对待人类有时甚至更为友好,还有海豚在海中救人的记载呢。海豚有尾随轮船的习性。海豚的听觉器官发达,还能感知 3 千赫~20 千赫的高频声波,在仿生学研究中很有价值。

海豹

　　海豹别名斑海豹、港海豹，属于鳍足目海豹科，海豹的类群比较多。生活在太平洋和大西洋，全世界都有分布。在我国主要分布于渤海、黄海，东海也有发现，个别远达南海。海豹比海狮更适于水环境生活，它的身体呈纺锤形，头圆，颈短，无耳壳，全身密被短毛，毛色灰黄而具有黑斑。海豹的前肢朝前、后肢朝后，后肢不能朝前弯曲，并和尾相连，在陆地上不使用，但在水中则是主要的推进器官。趾间有蹼。鼻孔和耳孔都有活动瓣膜，潜水时可关闭。海豹一生大部分时间在水中，只有繁殖、哺乳和休息时才爬上海岸。海豹在水中游速较快，在陆上行动缓慢而笨拙，仅靠身体屈伸蠕动才能匍匐前移，且距离不长。

海豹的生态习性

　　海豹的食物以鱼和贝类为主，偶尔也吃幼鸟或鸟卵。海豹的视力较差，故自卫能力很差。北极海豹休息时很有趣，一般是每睡 35 秒，就惊醒 5 秒，昂首四顾，看看有无白熊等敌害接近。成年海豹有护幼习性，小海豹被捕时，大海豹往往紧跟着不放，结果往往一同落网。

　　每年 2 月份，海豹在我国渤海湾一带的浮冰上产仔，初生仔约 5 千克，每胎 1 仔，遍体白色乳毛，是天然保护色，哺乳月余后，即能独立觅食生活。海豹的肉可食，脂肪可炼油，皮可制革，光亮美观，能御寒防水。

海　象

　　海象主要分布在北极圈里，除了鲸以外它就是北极最大的哺乳动物了。最重的雄兽可达两吨重，长 5 米多。海象与陆地上的象在外貌上有点相似之处。海象的躯体巨大而形状丑陋，皮肤粗糙而多皱纹，眼睛细眯，犬齿突出口外。海象是游泳健将，在水中的表现比陆地上灵敏得多。为了适应海洋生活，海象还可以变换体色。海象在陆地上时，不吃任何东西。海象皮肤下面，有一层七八厘米厚的脂肪层，既能防止热量散失，又能抵御寒气侵入。

海象的长牙

海象最引人注目之处是它嘴巴上那两只尖尖的巨牙，一般长70～80厘米，重达4千克多，跟大象的牙差不多。海象的长牙有什么作用呢？

长牙是海象攀登高耸的浮冰或山崖的工具，靠它钩住冰面托着身体前进，就像登山运动员靠带尖的冰镐攀登冰山一样。它可以帮助海象和对手进行搏斗，也被用来破碎冻得尚不坚实的冰层，以便呼吸，因为海象是用肺呼吸的哺乳动物。

这对长牙的另一个重要用途是用它来挖掘海底以获得食物。海象的食性很杂，主要吃软体动物，有时也吃其他无脊椎动物和鱼。有时还吞食植物和海底沉积物。当它在潜入大海挖掘海底之前，先吸入足够的空气，垂直潜入海底，用两个长牙翻地。蛤蜊等食物便从泥土中被掘了出来，它用前鳍脚将食物收集在一起，便携带食物浮上水面，而后用鳍脚来回搓揉，将介壳破碎，择肉而食之。

海象的牙也非常珍贵，可用于雕刻，还能加工成各种制品，海象牙磨成的粉末还是十分重要的药材呢。

变色的海象

海象在水里时，皮肤是天蓝色的；当它爬上岸晒太阳时，皮肤就变成粉色或玫瑰红色了。为什么会出现这样的现象呢？原来是由于海象的皮肤被太阳晒热后，静脉血管扩张，血液循环加快，皮肤就由蓝变红了。

受宠的小海象

每当春季，海象开始大迁徙。雌海象产崽，接着进入交配期。在交配季节里，海象们为争夺情侣会互相残杀，有的甚至丧命，大多数都是伤痕累累。小海象吃妈妈的奶长大，一直到两岁时獠牙长得长长的了，就自己游到海中去找食了。公海象对小海象是漠不关心的，小海象一旦与母海象分居后，昔日情敌之仇全被化解，它们很快又形成一支单独的，友好的雄性群体。母海象依然呵护着小海象，做一位称职的"妈妈"。母子相依为命，互相嬉戏。如果小海象受伤死了，悲伤的海象妈妈还会千方百计地把它弄到水里安葬。有一次，一个爱斯基摩人在冰沿上打死一头小海象，当他拿着猎物要走时，不料遭到后面窜出的母海象的袭击；他还没弄清是怎么回事时，母海象已带着小海象的尸体潜入水中。如果母海象被捕捉，小海象也会喊叫着寻妈妈，跟在猎船后不忍离去。

白鳍豚

白鳍豚的生态习性

　　白鳍豚是我国特有的珍贵动物，也叫白暨豚。性情温顺，重感情，喜欢群居。它们集体前进时，体形最大的在前面开路，母豚保护着幼仔跟在后面。白鳍豚用肺呼吸，一个长圆形的鼻孔开在头顶偏左处。它们在水下只能潜游二三分钟，需要频频出水换气。在夜深人静时，在江面上能听到白鳍豚换气的"扑哧、扑哧"声。

　　白鳍豚喜欢生活在江心沙洲的洲头、洲尾或者支流、湖泊与长江的汇合处。那里水生生物繁茂，鱼类集中，是白鳍豚的主要栖息、繁殖场所。白鳍豚以捕食鱼类为食，但它们进食的方式很特别，虽然有牙齿，但不进行咀嚼，总是囫囵吞下。它们为了追逐小鱼，常进入浅水区域，但它们不喜欢在小河流和湖泊中生活。

聪明的白鳍豚

由于长期生活在浑浊的江水中，白鳍豚的视听器官已经退化。它眼小如瞎子，耳孔似针眼，位于双眼后下方。科学家发现，白鳍豚的大脑十分发达，一头 95 千克的雄白鳍豚，大脑就有 470 克重。这等重量已接近大猩猩与黑猩猩的大脑重量，甚至有些学者认为白鳍豚比长臂猿和黑猩猩更聪明。特别是它的声呐系统极为灵敏，它的上呼吸道有三对功能奇异的气囊和一个像鹅头的喉，能在水中发出"嘀嗒"、"嘎嘎"等声音，用来回声定位，识别鱼群，并同伙伴联系。白鳍豚的水中定位能力，任何现代化的电子仪器都赶不上。

濒危的珍稀动物

白鳍豚虽然基本上没有天敌，但人们在江上的一些活动，如利用滚钩捕鱼、水下爆破治理航道，都会伤害它们。白鳍豚还会误入捕鱼人的渔网，窒息而死。非法的捕猎现象也有发生。现在白鳍豚的数量非常稀少，濒临绝迹。它是中国目前最为濒危的动物，也是世界上几种最濒危的动物之一。从某种程度说，比大熊猫还要珍贵。

獭

水　獭

　　水獭俗名獭、獭猫、鱼猫、水狗、水毛子，是半水栖的食鱼动物，广布于欧、亚、非三大洲。我国南北各地都有。水獭身体扁而长，体长约70厘米，尾长约35厘米，尾前宽后细。四肢很短，趾间有蹼。头部宽扁，眼小，耳小而圆。口部触须发达。身披棕色密毛，毛短而有光泽，入水不湿。体毛较长而细密，呈棕黑色或咖啡色，具丝绢光泽，底绒丰厚柔软。体背灰褐，胸腹颜色灰褐，喉部、颈下灰白色，毛色还呈季节性变化，夏季稍带红棕色。

水獭的生态习性

水獭栖居于江河湖泊的岸边，在水旁筑洞穴居，常有两个洞口，一个在水下，一个通地面。白昼躲在洞内，夜晚出来觅食。平时喜在水清的河湾处或杂草较少的水域活动。水獭极善游泳和潜水，游水时前肢靠近身体，用后肢和尾推进，使身体做波浪式起伏，游动速度很快，而且升降和转向十分灵活。它的鼻孔和耳孔都能自由开闭，潜水时可关闭，在水下潜游可达4～5分钟，潜行距离相当远。同时它在陆上奔跑也非常迅速。视觉、听觉、嗅觉都很敏锐。水獭的食物以鱼为主，也吃青蛙、蟹和小鸟，在陆上则捕食多种野鼠和野兔。冬季还能到冰下捕鱼。水獭一般每年可繁殖1～2胎，每胎产2仔。水獭自小可以驯养。

水獭的生存现状

水獭皮质地优良，十分名贵。皮毛不但外观美丽，而且特别厚，绒毛厚密而柔软，几乎不会被水浸湿，保温抗冻作用极好。獭肝、獭骨还具有药用价值。由于獭类生活环境污染、水质变劣，破坏了獭类栖息地和食物来源，水獭的繁殖能力下降，加上过度狩猎，多数山溪江河已罕有獭迹。水獭现为我国二级保护动物。

海 獭

　　海獭是稀有动物，只产于北太平洋的寒冷海域，它的生命力极其顽强。根据动物学家的研究，海獭是由栖息于河川中的水獭，在大约500万年前才移居海边而进化成海兽。海獭不像海豹和海象，它的身上没有用以御寒的脂肪层。在冰冷的海洋里，为了保持身体的热量，海獭必须不断地运动和进食。它的身体代谢率很高，只要一天不进食，体重就会减轻5千克左右，假如3天不进食，海獭就会因为身体热量散失过多而死亡。海獭能够在水下连续停留一段时间，潜入水下100多米或者更深的地方捕食猎物。

海獭是怎样睡觉的

　　在獭类家族中，海獭的身体最大。它们一般身长1米多，体重近

40千克。海獭喜欢过群居生活。与其他动物不同的是，海獭群分为雌性和雄性两种。如果不是交配季节，它们都喜欢和自己的同性伙伴相处。海獭翻筋斗时，随着身体搅起的水浪，皮毛里进入很多空气，这使得海獭的御寒能力和浮力都得到增强。海獭睡觉十分有趣，每当夜幕降临，有的海獭便爬上岸来，在岩石上睡觉，但大多数时间海獭却寝于海面，它们寻找海藻丛生的地方，先是连连打滚，将海藻缠绕在身上，或者用肢抓住海藻，然后枕浪而睡，这样就不会在沉睡中被大浪冲走或沉入海底了。

海獭的生态习性

海獭是肉食兽中唯一的海栖动物。它的活动范围仅限于靠近海岸的区域，而且从不迁移。当海獭进食的时候，总是不断地在海中翻筋斗，以便清洗掉粘在身上的食物残渣。海獭非常注意保持自身皮毛的清洁和蓬松，因为皮毛是海獭在冰冷刺骨的海水中抵御寒冷的依靠。贻贝、褐蟹、赤蟹、螺纹蜗牛，都是海獭特别喜欢的食物。海獭的繁殖比较缓慢，5年才有1胎，通常1胎只有1只，双胞胎和三胞胎是极为罕见的。海獭的怀孕时间长达1年，刚生下来的海獭在头1年里，几乎是毫无抵抗力的，只有靠妈妈的保护才能长大。

聪明的海獭

海獭是一种聪明的动物，它会借助工具来获取食物。当海獭从海底抓到一个蛤蜊，便会用礁石把它砸开，或者用蛤蜊砸礁石，甚至用蛤蜊砸蛤蜊。很少有几种动物具有像海獭这样灵活的前爪，而且也很少有几种动物能够像它这样灵活地使用前爪。

虎

　　虎，俗称老虎，是体形最大、最强有力也是最可怕的猫科动物，主要分布在亚洲。虎的身形巨大，体长约 119～290 厘米，亚种当中体形以东北虎为最大，而苏门答腊虎体形则最小。虎的体毛颜色有浅黄、橘红色不等。虎以凶猛、谨慎、出没无常而著称，号称"百兽之王"。老虎身上的美丽斑纹因不同的品种而各具特色。它们的毛色从黄褐色到橙红色都有。老虎皮上的斑纹在树林、芦苇丛和草丛中都可以成为极好的保护色。当老虎的耳朵转向前方时，则是进攻的信号。虎多黄昏或清晨活动，白天休息、潜伏，但在严寒的冬季，东北虎及其他北方地区的亚种，在白天也会出来捕食。

虎的领地

虎是一种孤独的森林食肉动物，一般每只老虎都有自己的领地，除了交配时期，从不和其他虎交往，雌虎独自生产和喂养幼虎，当幼虎成年后，雌虎将领地留给它，独自去寻找新领地。每只虎占领一块领地后，就会将本地所有大型食肉动物如狼、豹等赶走，所谓"占山为王"，老虎以鹿、獐、野羊等食草动物（也吃食肉动物）为食。

老虎的气味

老虎用吼叫和留下气味的方法区分各自的领地。老虎的嗅觉很差，它在寻找猎物时不大使用嗅觉，而依靠它灵敏的听觉和视觉。老虎分泌腺分泌出的气味是相当浓烈的，这种气味可以持续约三个星期。虎有时也会攻击人。印度农民用头后戴假面具的方式避免遭受老虎攻击，因为虎以为假面具是人以正面对它，它决不会从正面攻击猎物。

虎的生存危机

今天，砍伐树木的电锯要比猎枪对虎威胁更大。大片森林的面积正在缩小，而虎如果没有森林就无法生存。一只老虎大约需要 30 平方千米的森林空间，才能为它提供足够的食物资源和水源。而当虎长到两周岁以后，才能完全独立生活。虎的自然繁殖过程比较长，生育率不高，通常一窝产仔 2～4 只，而成活的只有一半。虎的 8 个亚种全部分布于欧亚大陆。因人为的影响，20 世纪 30 年代，巴里虎灭绝；70 年代，里海虎灭绝；80 年代，爪哇虎灭绝。其余的 5 个亚种也濒临险境。

产于我国的东北虎和华南虎已极度濒危。

东北虎

东北虎，也叫西伯利亚虎、阿穆尔虎（黑龙江的俄语名称为阿穆尔河）、乌苏里虎、满洲虎，生活在俄罗斯西伯利亚和中国东北地区，体魄雄健，行动敏捷，肩高1米多，身长可达3.4米，尾长约1米，平均体重达到240千克，是现存体型最大的虎亚种和体型最大的猫科动物，毛色浅黄，背部和体侧具有多条横列黑色窄条纹，通常2条靠近呈柳叶状。头大而圆，前额上的数条黑色横纹，中间常被串通，极似"王"字，故有"丛林之王"和"万兽之王"之美称。毛厚，不畏寒冷，皮毛最为珍贵。东北虎一般住在海拔500～1200米的山地针叶林或针阔混交林地带，主要靠捕捉野猪、马鹿和狍子等为生。它白天常在树林里睡大觉，喜欢在傍晚或黎明前外出觅食，活动范围可达100平方千米以上。常言道："谈虎色变""望虎生畏"。在人们心目中，老虎一直是危险而凶狠的动物，是最强大的猫科动物，也是当今世界战斗力首屈一指的食肉动物。然而，在正常情况下东北虎一般不轻易伤害人畜，除非饿到极点或感觉到威胁时，反而是捕捉破坏森林的野猪、狍子的神猎手，而且还是恶狼的死对头。为了争夺食物，东北虎总是把恶狼赶出自己的活动地带。东北人外出时并不害怕碰见东北虎，而是担心遇上吃人的狼。人们赞誉东北虎是"森林的保护者"。

苏门答腊虎

苏门答腊虎是现存所有老虎亚种中最小的亚种。雄性苏门答腊虎平均体长234厘米，体重约136千克，雌性平均体长198厘米，体重

91 千克。其条纹比其他老虎亚种要狭窄，胡须和鬃毛浓密（尤其是雄虎）。苏门答腊虎生活的范围是热带雨林，主要食物是水鹿、野猪、豪猪、鳄鱼、幼犀和幼象等。不同于生活在平原地带的猎豹和狮子，雨林中的苏门答腊虎必须依靠潜伏袭击猎物。苏门答腊虎一年四季均可交配，但集中于冬末春初，雌虎怀孕期约 103 天，每胎生 2 到 4 只幼崽，刚出生时，虎崽约重 1 千克到 1.4 千克。这时的幼崽还未睁开眼睛，体质也极其脆弱，雌虎需时刻保护幼崽，使其免受雄虎或其他动物的伤害。十天后，幼崽眼睛睁开，从第 1 到第 8 个星期之间完全依赖母乳为生。哺乳期约 5 到 6 个月，大约 6 个月后雌虎开始教它们捕猎技巧，幼虎 2 岁左右独立生活。

华南虎

　　华南虎是中国特有的虎亚种，生活在中国中南部，也叫做中国虎。识别特点：头圆，耳短，四肢粗大有力，尾较长，胸腹部杂有较多的乳白色，全身橙黄色并布满黑色横纹。在 8 个亚种的老虎中，华南虎的体型较小，是中国的十大濒危动物之一，目前几乎在野外灭绝，仅在各地动物园、繁殖基地里人工饲养着 100 余只。华南虎主要生活在森林山地。多单独生活，不成群，多在夜间活动，嗅觉发达，行动敏捷，善于游泳，但不善于爬树。与其他的虎的亚种相似，华南虎主要是猎食有蹄类动物。雄性华南虎则会攻击较大型的猎物，如黑熊及马来熊等。一般来说，一只老虎的生存至少需要 70 平方千米的森林，野生华南虎吃新鲜肉，捕食对象包括野猪、野牛和鹿类。

象

　　大象是世界上最大的陆栖动物，它有一条柔韧而肌肉发达的长鼻子，而且能缠卷，那是大象自卫和取食的有力工具。象长得憨实可爱，它的肩高约 2 米，体重 3～7 吨。头大，耳大如扇。四肢粗大如圆柱，支持巨大的身体，膝关节不能自由屈曲。所以它那可以缠卷的长鼻子就显得格外的重要了。象栖息于多种环境，尤喜丛林、草原和河谷地带。喜欢群居生活，它的主食是植物，吃野草、树叶、树皮、嫩枝，食量极大，每日食量 225 千克以上。在哺乳动物中，最长寿的动物是大象，据说它能活 60～70 岁。据记载，哥拉帕格斯群岛的长寿象能活 180～200 岁，真是大寿星了。

大象的家庭观念

　　大象有很强的家庭观念。小象得到每头大象的疼爱，它们见到大象都要行见面礼。大象处处谦让和体谅小象。小象出生的第一年全部靠吃奶生活，它们长得很慢，因为生长期很长。小象们紧跟妈妈，形影不离，如果遇到麻烦，每头大象都会前来相助。小象从出生第二年起，就能吃一些草，真正完全断奶要到 4 岁。

大象的报警器官

大象有一种非常特殊的报警器官。多年来动物学家们一直茫然不解，大象的肚子为什么能够发出咕噜咕噜的响声。起初人们以为这是饥饿的信号，因为大象的食量是惊人的。然而，使人们不解的是：大象竟能控制这种声音。一旦发现险情，这种咕噜声就会停止。最近几年，人们揭开了这个谜。原来，大象体内发出的这种咕噜响声与消化毫无关系。它们只有在心满意足的时候，才会发出这种声音；而当身体不舒服时，这种声音就会立即停止。突然的寂静会使象群警觉起来。看来，大象的报警信号不是声音，而是寂静。

亚洲象

亚洲象又名印度象、大象、野象。体长 5～6 米，体重达 4000～6000 千克。最引人注目的是那根长约 2 米的肉质长鼻，鼻端有 1 个肉突。雄象象牙长达 1 米多，那是它强有力的防卫武器。眼小耳大，耳朵向后可遮盖颈部两侧。四肢粗大强壮，尾短而细，皮厚多皱褶，全身披着稀疏的短毛。

亚洲象属于国家一级保护动物，它们栖息于热带地区。常在海拔 1000 米以下的沟谷、河边、竹林、阔叶混交林中游荡。好群居，喜游泳，没有固定的住所，活动范围很广。

非洲象

    非洲象分布于非洲中部、东部和南部，是现存最大的陆生哺乳动物，它的体长 6~7.5 米，尾长 1~1.3 米，肩高 3~4 米，体重 5~7.5 吨。最高纪录为一只雄性，体全长 10.67 米，前足围 1.8 米，体重 11.75 吨。最大的象牙纪录为长 350 厘米，重约 107 千克。非洲成年象确实强悍，近年来研究表明非洲象有两种：非洲草原象和非洲森林象。常见的非洲草原象是世界上最大的陆生哺乳动物，耳朵大且下部尖，不论雌雄都有长而弯的象牙，性情极其暴躁，会主动攻击其他动物；非洲森林象耳朵圆，个体较小，一般不超过 2.5 米高，前足 5 趾，后足 4 趾（和亚洲象相同），象牙质地更硬。最近根据基因分析证明它和非洲草原象不是同一个种类。非洲草原象和非洲森林象有着明显不同的遗传特征，其外表特征也有很大的差别：森林象体形较小，耳圆，象牙较直且呈粉红色，过去在非洲雨林中还发现过体形更小的倭象，现在被认为是非洲森林象的未成熟个体。足下肉变大，更适应缺水的生活，非常知道节约用水，而且会在沙漠中寻找水源。非洲象生活在从海平面至海拔 5000 米的热带森林、丛林和草原地带，群居，要由一只雄象率领，日行性，无定居。以野草、树叶、树皮、嫩枝等为食。繁殖期不固定，孕期 22 个月，每产 1 仔，13~14 岁性成熟，寿命 70~80 年。

熊

　　熊是属于熊科的杂食性大型哺乳类动物的总称，以肉食为主。从寒带到热带都有分布。熊的躯体粗壮肥大，体毛又长又密，脸形像狗，头大嘴长，眼睛与耳朵都较小，臼齿大而发达，咀嚼力强。四肢粗壮有力，脚上长有5只锋利的爪子，用来撕开食物和爬树。尾巴短小。熊平时用脚掌慢吞吞地行走，但是当追赶猎物时，它会跑得很快，而且可以直立起来。种类较少，全世界仅有7种，我国有3种。除澳洲、非洲南部外，多有分布。

黑　熊

　　在哺乳动物中，熊也是一种体形庞大的猛兽，一只成年灰熊高达两米。从沼泽地到山区，都有它们的足迹。由于它们的笨拙和容易暴露的本性，灰熊历来是猎人最好的目标。但是黑熊却很机警，它知道在什么样的情况下应该如何去应付，正因为如此，它才有幸生存了下来。黑熊的领地很大，有 25 平方千米。茂密的森林给黑熊提供了天然的保护所。黑熊的食物很杂，诸如鱼、肉、水果、树皮、树叶，甚至连昆虫它都很爱吃。黑熊的动作也很有趣，简直可以称得上是演员，它们能够两腿站立，并且可以用两条后腿像人一样地走路。

浣　熊

　　浣熊分布于美洲的热带和温带地区。体粗，肢短，尾长。食物也很杂。浣熊和其他熊比起来，是捕鱼的能手。它的毛由灰、黄、褐等色混杂在一起，脸上有黑色的斑毛，眼睛的周围有一圈黑毛，就像戴着一副太阳镜似的。它的尾部上有五六个黑白相间的环纹。

　　浣熊经常在树上活动，巢也筑在树上。当受到黑熊追踪时，它就会逃到树梢躲起来。到了冬天，北方的浣熊还要躲进树洞去冬眠。浣熊喜欢栖息在靠近河流、湖泊或池塘的树林中。浣熊还是优秀的"游泳健将"。浣熊也喜欢集体生活，经常成对或结成家族一起活动。浣熊白天大多在树上休息，晚上出来活动。浣熊是杂食性动物，吃鱼、蛙和小型陆生动物，也吃野果、坚果、种子、橡树籽等。

灰　熊

黑熊唯一害怕的动物是灰熊。灰熊比黑熊强壮，而且十分凶猛。不过，黑熊虽然害怕灰熊，但它有爬树的本领，灰熊无可奈何。灰熊不会爬树，也不善于奔跑。黑熊之所以能够生存下来，部分原因要归功于它的胆怯。而灰熊虽然具有高大的身材和凶猛进攻的本性，在动物界可以称王称霸，但在猎人和猎枪面前，却只能甘拜下风。

北极熊

北极熊也叫白熊，是熊类中个体最大的一种，其身躯庞大，体长可达 2.5 米以上，行走时肩高 1.6 米，体重可达半吨，最大的北极熊体重可达 900 千克，被称为"冰山巨无霸"。北极熊生活在北极的莽莽冰原上，以猎取海豹、幼海象、幼鲸、海鸟、鱼类为生，它极其凶猛，在北极地区是"土皇帝"，几乎打遍北极无敌手。貌似笨重的北极熊，行动十分敏捷，奔跑的速度非常快。同时，它也是游泳高手，游泳时速达 10 千米，潜水时间可达 2 分钟，在冰水中游上百千米不在话下，堪称"半水栖兽类"。北极熊是生活在最北部、食肉性最强的一种熊。

马来熊

马来熊又叫太阳熊或日熊，生活在印尼、缅甸、泰国、马来半岛及中国南部边陲的热带、亚热带山林中，是熊家族中体形最小的一种，体重只有 60 千克。马来熊的看家本领是攀爬，堪称攀爬高手。它把大部分时间都花在了树上，把家也安在枝叶之间。马来熊主要吃植物果、叶以及昆虫和白蚁。它白天悠闲地躺在树上晒太阳，晚上则出来活动。

眼镜熊

眼镜熊也叫安第斯熊，是南美洲唯一的熊科动物。眼镜熊的体毛为黑、红棕或深棕色，十分厚密粗糙。最有趣的是它们的眼睛周围有一圈或粗或细的奶白色纹，将眼睛上的黑斑隔开，看上去就像戴着一副墨镜，眼镜熊也因此得名。

熊的冬眠

动物的冬眠真是各具特色，蜗牛是用自身的黏液把壳密封起来。绝大多数的昆虫，在冬季到来时不是"成虫"或"幼虫"，而是以"蛹"或"卵"的形式进行冬眠。熊在冬眠时呼吸正常，有时还到外面溜达几天再回来，雌熊在冬眠中，让雪覆盖着身体。一旦醒来，它身旁就会躺着1~2只天真活泼的小熊，显然这是冬眠时生产的小熊仔。

大熊猫

大熊猫别名花熊、华熊、竹熊、花头熊、大浣熊、猫熊、大猫熊、熊猫、貔貅、黑白猫等。大熊猫的显著特色是它的黑白花纹，和它那大头。雄性的大熊猫可以重达125千克。大熊猫只生活在中国的四川等地的温带森林中，竹子是这里主要的林下植物。丰富的竹子是大熊猫的主要食物。它每天要吃掉竹子的总量相当于它体重的40%。野外生活的大熊猫，平均寿命约为15岁。

大熊猫的栖息地

由于大熊猫行动不敏捷，牙爪又不及对手的锐利有力，在弱肉强食的争斗过程中常常沦为猛兽的猎物。大约到了1万年前，为了保存种族，它只有放弃原有地盘，躲避敌害，活动范围已大大缩小了。如今，它只栖息在四川、陕西和甘肃的一些混合长有竹木的高山深谷。

大熊猫惯于流浪生活，从来没有固定的住处，总是随着气候的变化而迁移。夏天爬上凉爽的高山避暑，冬天又迁到比较低洼和避风的地方。它们早晚出来寻食，白天就栖息在竹丛中，或是爬在树枝上晒太阳。

大熊猫为什么爱吃竹子

大熊猫的食量很大，一只大熊猫每天能吃20千克竹子。大熊猫只有一个胃，无盲肠，肠的长度也不超过10米。这样的消化系统，与食草动物的消化系统完全不同。如牛的胃分4室，肠的长度为体长的20多倍，而且还生着大量帮助消化植物粗纤维的细菌和纤毛虫，所以它能消化吃进的草并吸收养分。由于熊猫的胃肠没有这种功能，因而在它的粪便中存在大量未被消化的翠竹枝叶。但为了生存，在无能力猎肉为食而又无其他食物可供充饥的情况下，只好以大量吞食容易获得的翠竹为生。随着时光的流逝，代代相传，以翠竹为食就成了它的习性了。

大熊猫的生存现状

在野外，大熊猫生活在海拔 2000～4000 米的高山竹林里，竹林就是它的家。竹林里还住着竹鼠，只有熊掌大小，很灵活，又会打洞，钻到地底下，专吃竹笋。大熊猫尽量不发出声响，暗地里查找。一旦找到洞口，用带有肉垫的脚掌用力拍打地面，打得洞里的竹鼠心惊胆战往外逃。大熊猫敏捷地抓获竹鼠，竟能把竹鼠整个儿地吃下去。由于森林采伐，人类活动范围的扩大，大熊猫被迫退缩于山顶，竹种十分单纯，一遇竹子开花，将无回旋余地，大熊猫的栖息地日益缩小，加上人类的猎杀，大熊猫已经成为珍稀动物。

狮　子

狮子是有名的食肉猛兽。现在世界上只有一种，主要生活在非洲的稀树草原和半荒漠地区，少数生活在印度的吉尔丛林区。狮雌、雄形态有区别。雌狮颈部无鬣毛，雄狮自2岁开始逐渐生鬣，至4岁后最为丰盛，连胸部和前腿根部都披拂长毛，仪态威武。雌、雄狮尾端均生有球状茸毛，内藏骨质硬包。狮的体形比虎略小，雄狮全身长约2.75米，体重180～200千克。雌狮约小1/3。狮的毛发短，体色有浅灰、黄色或茶色，不同的是雄狮还长有很长的鬣毛，鬣毛有淡棕色、深棕色、黑色等等，长长的鬣毛一直延伸到肩部和胸部。雄狮那夸张的鬣毛和硕大的头颅显得雄姿勃勃。

团结的狮群

狮的习性与虎、豹截然不同。狮一般生活在开阔的原野，由一头雄狮和数头雌狮带几头小狮以家族为单位集群生活。一个狮群通常由4～12个有亲缘关系的母狮、它们的孩子以及1～6只雄狮组成。一个狮群成员之间并不会时刻待在一起，不过它们共享领地，相处比较融洽。例如，母狮们会互相舔毛修饰，互相哺育和照看孩子，当然还会共同狩猎。母狮负责狩猎，雄狮则负责"吃"。因为雄狮那英俊的形象一出现在草原上就会把猎物吓跑。狮不是严格的夜行性动物，它们白天也会出来活动。它们的主食是各种羚羊和斑马，偶尔也捕食长颈鹿和野猪。捕食时常常集体行动。狮不会爬树，也不喜欢下水，但它喜欢奔跑，而且速度极快。狮常年可繁殖，每胎2～5仔，2岁半到3岁成熟，寿命20～25年。

狮子的天敌

狮虽号称"草原百兽之王",其实它远非大象和犀牛的对手,当遇到犀牛或象时,总是狮子先避开。狮在一般情况下,也不会攻击人。狮的经济价值不高,但可饲养供观赏和训练表演马戏。狮最大的"天敌"当然还是武装的现代人类,人类为了满足不正常的心理需求曾经残忍地捕杀狮子。保护野生的狮子仍然是一项非常重要的任务。

非洲狮

非洲狮颜色多样,但以浅黄棕色为多。综合统计,非洲雄狮体重范围 190～270 千克,体长 2.5～3.2 米,尾长 1 米,最大野生雄狮体重可达 270 千克,母狮也有 110～160 千克,大致相当于雄狮的 2/3,狮的毛发短,体色有浅灰、黄色或茶色,不同的是雄狮还长有很长的鬣毛,鬣毛有淡棕色、深棕色、黑色等等,长长的鬣毛一直延伸到肩部和胸部。研究表明,雄狮鬣毛的主要作用是夸张体型和吸引雌狮。狮的头部巨大,脸型颇宽,鼻骨较长,鼻头是黑色的。狮的耳朵比较短,耳朵很圆,母狮的耳朵好像是个短短的半圆,而美洲狮的耳朵则比较长,耳朵也比较尖。另外,非洲狮属于猫科动物中的豹亚科,而美洲狮则为猫亚科,两者相差颇远。非洲狮的四肢非常的强壮,它们的爪子也很宽,尾巴相对较长,末端还有一簇深色长毛。

美洲狮

美洲狮又称美洲金猫,大小和花豹相仿,但外观上没有花纹且头骨较小。体长1.24～1.38米，尾长约71～79厘米，肩高70～82厘米，雄性体重可达90千克，最大的美洲狮体重110千克。雄性比雌性大40％。美洲狮是最大的猫科美洲金猫属动物，体色从灰色到红棕色都有，热带地区的更倾向于红色，北方地区的多为灰色。腹部和口鼻部白色，眼内侧和鼻梁骨两侧有明显的泪槽。美洲狮有又粗又长的四肢和粗长的尾巴，后腿比前腿长，这使它们能轻松的跳跃并掌握平衡，美洲狮能越过14米宽的山涧。美洲狮有宽大而强有力的爪，有利于攀岩、爬树和捕猎。美洲狮是一种凶猛的食肉猛兽，主要以野生动物兔、羊、鹿为食，在饥饿时也会盗食家畜家禽。如果美洲狮捕捉的猎物比较多，它们就会把剩余的食物藏在树上，等以后回来再吃。

亚洲狮

亚洲狮又称印度狮，仅产于印度西部，亚洲狮的雄狮不但脖子长有长长的鬣毛，在它的前肢肘部也有少量长毛，而它的尾端球状毛也较大，被毛较厚，体毛丰满。幼狮有斑点，毛色以棕黄为主。亚洲狮的毛皮较其非洲近亲蓬松，尾巴端的穗及肘上的毛发较长。雄狮及雌狮的腹部都有明显折叠的皮肤。亚洲狮是所有狮子亚种中最细小的，雄狮重160～190千克，雌狮重110～120千克。科学纪录上最长的雄狮长292厘米，肩高最高达107厘米。最大被猎杀的雄狮则长3米。亚洲狮是高度群居的动物。亚洲狮群较非洲狮群小，平均只有两只雌狮。雄性亚洲狮较少群居，只会在交配或猎食大型动物时，才会与狮群联系。有人指出狮群的大小可能是与猎物的体型有关，亚洲狮所处理的猎物较非洲的小，而狮子的数量亦不用太多。亚洲狮的猎物主要是水鹿、花鹿、蓝牛羚、印度瞪羚、野猪及家畜。亚洲狮成群一起生活，也常集体捕食，但大多是母狮捕食，雄狮则坐享其成。它们由一头狮子将猎物赶到其他狮子的埋伏地，然后一起扑向猎物。它们吃饱后需喝大量水，而亚洲狮生活的区域属于热带季风气候，雨季时间很少，时常出现干旱，因此捕食后常需到很远的地方才能找到水源。这种恶劣环境不但使亚洲狮饮水困难，就连它们的猎物也很少。幼仔成活率低也是饮水及食物不足所致。它们还会吃动物的腐尸。

豹

猎 豹

　　猎豹这个词来自于北印度语 Chita，Cheetah 意思是"有斑点"。猎豹其实并不是豹，它是一种外形似豹但与豹既不同种也不同属的猫科动物。猎豹有两个亚种，一个亚种产在非洲各地，数量较多。另一亚种产在亚洲，为数已极少。猎豹的身体比豹小，四肢比较细长，全身只有小黑斑，没有梅花斑，从嘴角到眼角有一道黑色的条纹，这个条纹就是我们用来区别猎豹与豹的一个特征。猎豹的毛色一般呈浓黄色，比豹的颜色深。

猎豹的特征

猎豹最主要的特征是四肢各脚爪比较直，又无爪鞘，不能收缩到掌内，这点完全不像其他猫科动物，倒像犬科动物。当它奔跑时，脚爪像狗爪一样触地，这样的脚爪当然不善于爬树。也不像猫科动物那样能把爪全部缩进，所以它总是全力捕捉近处的猎物。猎豹生活在草原和半荒漠地区，但不进入森林或丛林，独栖或双栖，但不群居。

印度豹

印度豹属于猎豹的亚种，奔跑时速可达每小时 60 英里。印度豹在猫科动物中体形较小，它健壮的身体、壮阔的胸膛、纤细的腰部，使它看上去仍然具有猎豹一样完美的外形。它拥有看来较小的头脑，短嘴，也有对高视力的眼睛，宽鼻，小巧的圆耳。印度豹的黄色毛皮上的黑色斑点是实心圆，而花豹的斑点则是如花朵状的空心圆，美洲豹则是空心圆内还有个小圆点。印度豹也有少数发生毛皮突变，有着更大、更密集的斑点，被称为"帝王印度豹"。

美洲豹

美洲豹是西半球最大的猫科动物，又称美洲虎，曾被人们奉为"热带雨林之王"。南美的印第安人总是把美洲豹描绘成能够在智慧上和搏斗中战胜所有对手的动物。美洲豹栖息在森林、丛林、草原上。

它们总是单独行动，白天在树上休息，夜间出来捕食，它们善于游泳，也很善于攀爬。美洲豹捕食鱼、貘以及一种叫水豚的大型啮齿类动物。美洲豹的捕鱼技巧与它们的捕猎技巧同样高明。当它们在水中活动时，比其他任何一种大型猫科动物都更为潇洒自如。

美洲豹的生态习性

美洲豹十分强壮，即使搬运一只个头很大的鹿，走很远的路，对它来说也是轻而易举，它把猎物运到丛林中一个十分寂静的角落，隐藏起来。捕猎之后，美洲豹先休息，然后去喝水，似乎完全忘记了它十分饥饿的事实。喝完了水，解了渴，美洲豹才漫不经心地绕回到它贮藏猎物的地方，卧下来享受它的美餐。在它休息好之前，它既不会碰，更不吃它的猎物，这是一种让人迷惑不解的行为模式。这种大型猫科动物，平均体重大约有150千克，一次进食将吃掉7～8千克的肉。

美洲豹的生存现状

美洲豹曾经活跃在中美洲和南美洲的所有的热带雨林中。在南美洲各处都可以发现它们的踪影，连极南边的巴塔哥尼亚高原也不例外。但是现在，只有在亚马孙河流域，还能看到它们的身影。因为这一地区至今还保存着地球上最大、最完整的热带雨林。即使是在这一地区，森林也遭到了很大的破坏，因此美洲豹的生存也受到了严重的威胁。美洲豹毛皮上那些美丽的颜色和斑纹是一种很好的保护色，但同时也给它们带来了灾难，数以千计的美洲豹遭到人类的屠杀。至于北美洲，不久前美国南部各州还能发现美洲豹，但现在已经绝迹。

高山上的雪豹

雪豹是各种猫科动物之中最美丽的一种动物。雪豹只产于中亚的高山地带。我国的主要产地是西藏、新疆、青海、甘肃、四川的一些高大的山上。顾名思义，它应该是生活在高山雪线以上的豹。但是在冬季高山觅食困难的时候，有时也不得不下到较低处觅食。它为了追逐高山动物，如岩羊、盘羊之类，可能上到五六千米高的崇山峻岭之上。雪豹感官敏锐，性机警，行动敏捷，善攀爬、跳跃。它的身手极其灵活，一般昼伏夜出，很难被人发现。由于毛色和身上的花纹与周围环境特别协调，即使白天走近它潜伏的地点，也不易发现它。在可可西里，雪豹夏季居住在海拔5000～5600米的高山上，冬季一般随岩羊下降到相对较低的山上。雪豹的巢穴设在岩洞中，一个巢穴往往一住就是好几年。雪豹迁徙的主要原因并不是为了避寒，而是为了追逐食物。

金钱豹

金钱豹体形与虎相似，但较小，体重 50 千克左右，体长在 1 米以上，尾长超过体长之半。头圆、耳短、四肢强健有力，爪锐利，伸缩性强。全身颜色鲜亮，毛色棕黄，遍布黑色斑点和环纹，呈古钱状，故称之为"金钱豹"。其背部颜色较深，腹部为乳白色。

金钱豹主要分布在亚洲、非洲及阿拉伯半岛。中国有 3 个亚种：华南豹、华北豹和东北豹。栖息环境多样，从低山、丘陵至高山森林、灌丛均有分布。具有隐蔽性强的固定巢穴。体能极强，视觉和嗅觉异常灵敏，性机警，会游泳，善爬树，胆大凶猛。一般夜间活动，多以草食性动物为食。

云 豹

云豹又名龟纹豹、荷叶豹。体形比金钱豹小，体重 15～25 千克，体长 1 米左右，尾末端有几个黑环。体侧由数个狭长黑斑连接成云块状，所以得名"云豹"。云豹栖息于山地常绿阔叶林内，毛色与周围环境形成良好的保护及隐蔽效果。属夜行性动物，清晨与傍晚最为活跃。爬树本领高，比在地面活动灵巧，尾巴是它有效的平衡器官，它在树上活动和睡眠。以各种鸟类、猴类及树栖的小型动物等为主食，也捕食鼠、兔和小鹿等。秋冬季交配，孕期 3 个月左右，春季产仔，每胎 2～4 仔。分布于我国长江以南地区及陕西、甘肃。属于国家一级保护动物。

獴

食蟹獴

　　眼镜蛇是一种有名的毒蛇。大多数动物见了眼镜蛇都会退避三舍，因为要是被眼镜蛇咬上一口，过不了多久就会一命呜呼。可是有一种动物就不怕眼镜蛇，不但不怕，反而能把眼镜蛇咬死并吃掉。是什么动物有如此高强的本领呢？这种动物就是食蟹獴。

　　食蟹獴也叫山獾、石獾、水獾、笋狸、竹筒狸等，是食肉目灵猫科动物。它在我国只分布在浙江、福建、广东、海南、广西和云南。食蟹獴体长 40～60 厘米，尾长 24～30 厘米，是体长的 2/3。躯体及尾部的毛甚长，且较粗硬。体重一般为 1.5～2 千克。它的嘴巴细尖，身上的毛又粗又长。身体是灰棕黄色，并且略带黑色。食蟹獴的脸上有一道白纹，自口角向后一直延伸到肩部，这个特征非常明显。它有 6 个乳头，位于腹部。有一对臭腺，腺外有小开口，但不及大小灵猫的发达。

食蟹獴的生态习性

食蟹獴分布在印度的阿萨姆、尼泊尔、越南，以及我国的广东、广西、海南、福建、浙江、江苏、江西、安徽、台湾、四川、贵州和云南等地。食蟹獴牙齿锐利，四肢矫健，反应敏捷，身体灵活。它们喜欢栖居在沟谷、水溪边缘的密林之中，掘洞而居。行走时身体常弯成半圆形，背部高高耸起，因其视力较差，所以有"盲猫"之称。常以鱼类、螃蟹、蛙、蛇和鼠类为食，特别喜欢吃蟹类，并因此而得名。而在福建又有"泥鳅猫"之称。在遇到毒蛇时，食蟹獴会勇敢地与之搏斗，最后将毒蛇擒获。它在受惊后能从臭腺向后喷射液状分泌物，并且周身毛直立蓬松，非常凶猛。在它的黑色、旱烟油状的黏稠粪便中，常夹杂着蟹、蛇、昆虫等的皮壳残骸。

食蟹獴与眼镜蛇的搏斗

食蟹獴是如何与眼镜蛇搏斗并战胜眼镜蛇的呢？这可是一场惊心动魄的战斗。食蟹獴和眼镜蛇狭路相逢，它们都高度紧张，立即停止前进，作好战斗准备。这时，眼镜蛇的半个身子会竖立起来，将它那血红的舌头吐来吐去，用眼睛死死地盯住食蟹獴，伺机狠咬一口。食蟹獴则弓下身，聚精会神地迎战。因为它知道，稍一疏忽，就会被蛇咬中，不过食蟹獴技高一筹，反应更快。它主动出击，和眼镜蛇展开了激烈的较量，它终于瞅准时机，用锋利的牙齿一下子咬住了眼镜蛇的颈部，同时用有力的爪子按住眼镜蛇的身体，不给眼镜蛇以反扑之机，直到把眼镜蛇咬死。食蟹獴战胜眼镜蛇的诀窍是什么呢？那就是以快制快。

红颊獴

红颊獴又叫斑点獴、赤面獴等，在我国还有树鼠、树皮鼠、日狸、竹狸等俗名。红颊獴体形似黄鼠狼，但体较细长且小，体重约 900 克。头部狭长，鼻吻部突出，耳圆稍大，两颊棕色微红，所以有红颊獴之称。全身毛棕黄色，毛尖灰白，尾基粗，尾长大约是体长的 80％以上。四肢粗短，爪长，有肛门腺。

红颊獴的生态习性

红颊獴分布于亚洲的印度西部和北部、尼泊尔、泰国、阿富汗、伊拉克和阿拉伯半岛各国，以及我国的广东、广西、海南、福建、浙江、江苏、台湾、贵州和云南等地。它栖息于热带山林、灌木丛、农田中、水溪边，密林中较少，一般离水源不远。穴居，善于游泳，能攀援上树，但并不生活在树上。机灵胆大，通常在白天觅食、活动，所以又有"日狸"的称谓。杂食，善于捕食蛇类，尤其喜欢吃毒蛇，包括眼镜蛇，这是它的一种本能，与毒蛇拼搏的经验十分丰富，场面惊心动魄，也吃鼠类及各种蛙、蜥蜴、昆虫等。春秋季交配，每年 2 胎，每胎 2～4 只。

猴

吼 猴

　　吼猴是拉丁美洲丛林中最有趣的一种猿猴。在动物分类学上属于哺乳纲卷尾猴科。它体长 0.9 米，像狗那么大，加上一米多长的尾巴，在南美猴类中，可算是最大的代表了。这种猴的身上披有浓密的毛，多为褐红色，且能随着太阳光线的强弱和投射角度不同，变幻出从金绿到紫红等各种色彩，十分美丽。

最引人注目的是吼猴的巨大吼声，这种猴子的舌骨特别大，能够形成一种特殊的回音器。每当它需要发出各种不同性质的传呼信号时，它就以异常巨大的吼声，不停息地响彻于森林树冠之上，有时十几只在一起，用它们特有的"大嗓门"，发出巨声，咆哮呼号，震撼四野，这吼声在1.5千米以外都能清楚地听到，吼猴的名称也是由此而来。吼猴是在什么时候发出吼叫的呢？至今说法莫衷一是。一种说法认为它在激动的时候才吼叫；另一种认为是，每到夜晚，它们就会开这种震耳欲聋的"音乐会"；还有一种说法是发生在旭日东升的时候。

最团结的猴子

吼猴是全素食者，各种各样的树叶、果实、坚果和种子它都吃。吼猴每天要花 3～4 小时进食。吼猴有一根细长而能卷曲的尾巴，以适应它们的树栖生活。它从不轻易下树，即使是口渴时，也只是舔些潮湿的树叶来解渴。吼猴也同其他猴类一样，有自己的领地。吼猴同类间相处融洽，如果有敌害或异族走近它的领地，雄猴便以齐声吼叫或其他行动将侵犯者赶走。它们的团结性和斗争性，在悬猴科中堪称第一。美洲森林中共有吼猴五六种，最著名的有：红吼猴、熊吼猴、披肩吼猴等。每个家族都有自己的领地，边界上有两只吼猴守卫，当有越境者出现，它们就会大声吼叫警告对方。

树　懒

在人们的心目中，猴最爱动、最调皮、很机灵、善攀援。实际上有一种猴却懒得出奇，是动物界有名的"懒汉"，它什么事都懒得做，甚至懒得去吃，懒得去玩，它的名字叫"树懒"，别名"拟猴"。人们往往把行动缓慢比喻成乌龟爬，其实树懒比乌龟爬得还要慢。树懒生活在南美洲茂密的热带森林中，一生不见阳光，从不下树，以树叶、嫩芽和果实为食，吃饱了就倒吊在树枝上睡懒觉，每天有十七八个小时它都懒在树上悠然自得地睡大觉。

在我国，树懒主要分布在云南的西双版纳地区，广西西部地区的丛林中也有它的踪迹。在大城市的动物园中，也可观赏到这种有趣的懒猴，白天它一动不动，把头藏在股间像只圆毛球。

一生离不开树的猴子

为什么叫它树懒呢？它一辈子离不开树，吃的是树叶、嫩芽、果实，吃饱了就倒吊在树上睡觉。它不仅懒得出奇，吃了一口要隔很长时间才吃第二口，就像电影中的"慢镜头"一样。如果你故意惊动它一下，它只是慢悠悠地转过头来瞅你一眼，像蜜蜂似的发出嗡嗡的叫声，之后就慢慢地挪动身体移到另一个树枝上。它栖息在人迹罕至的潮湿的热带丛林中，刚出生不久的小树懒，体毛呈灰褐色，与树皮的颜色相近，又因为树懒太懒了，使得一种地衣植物寄生在它的身上，久而久之，就像有一件绿色的外衣，包缠着它的身体，使人类和动物很难发现它。树懒一生的大部分时间一动不动地倒挂在树上，动作极其轻慢，极少惊动别的动物。

"美猴王"——金丝猴

金丝猴是很美丽的。金丝猴身上披着黄色丝样的毛，长达30多厘米，由此而得名。这种猴子的鼻骨极度退化，即俗话所说的没有鼻梁子，因而形成上仰的鼻孔。金丝猴脸为天蓝色，在头顶上生有黑褐色毛冠，两耳长在乳黄色的毛丛里，棕红色的面颊由橘黄色衬托。胸和腹部乳白色，而四肢外侧却为棕褐色，色泽向体背则越来越深，从那深色毛区中，伸展出缕缕金丝，犹如贵夫人的金色斗篷。金丝猴的体毛五颜六色，风雅华贵。雄猴威武雄壮，雌猴婀娜多姿，真不愧为当今"美猴王"。

金丝猴的生存现状

我国金丝猴分川金丝猴、黔金丝猴和滇金丝猴三种，均已被列为国家一级保护动物。金丝猴是一种古老的动物，早在 300 多万年前就已经存在，曾在四川、贵州及广西的山洞堆积物中找到金丝猴的化石。历年来，由于乱捕滥猎，几种金丝猴的数量日渐减少，其分布区由过去的西南、华中广大地区缩小为现在仅限于川、陕、甘以及滇、贵、鄂的局部山区中。

高山上的金丝猴

金丝猴生活在海拔 1400～3000 米的阔叶林和针阔混交林中，几与大熊猫同域分布，同样惧酷暑而耐严寒。滇金丝猴则生活在海拔 3800～4700 米的热带松杉林中，那里山势陡峭，气温很低。滇金丝猴一年中有好几个月都在雪地生活，故又有"雪猴"之称。几种金丝猴均在树上活动的时间多，没有固定的住处，晚上都在树丫间挤着睡。

森林卫士——金丝猴

滇金丝猴喜群居生活，在清晨或黄昏活动，它是世界上栖息地最高的灵长类动物。金丝猴最大的群体可达 600 余只，在灵长类中，如此庞大的群体亦属罕见。它们主要在树上生活，也到地面找东西吃。主食有树叶、嫩树枝、花、果，也吃树皮和树根以及昆虫、鸟和鸟蛋。吃东西时总是吧唧着嘴，显得那样香甜。寄生在高山针叶林区的松萝是滇金丝猴的食粮。松萝的寄生影响树木的生长，所以，滇金丝猴可以称得上是森林的"小卫士"。

母子情深的猴子

母爱在金丝猴身上表现得非常突出，母猴无微不至地关心和疼爱自己的孩子，尤其是在哺乳期，母猴总是把仔猴紧紧抱在胸前，或是抓住小猴的尾巴，丝毫不给它离开玩耍的自由。在此期间，朝夕相处的丈夫，尽管向夫人献了许多殷勤，又是理毛，又是捡痂皮，也别想摸一摸自己的后代，更甭提抱抱小猴亲热亲热了。母猴总是抱着小猴，把背朝着自己的丈夫，丝毫不给丈夫抚爱子女的机会。

神秘的滇金丝猴

滇金丝猴对许多人来说可能很陌生。有的人虽然知道它的名字，也从未见过其尊容。由于滇金丝猴生活的地区山势险峻，森林茂密，海拔极高，交通不便，对滇金丝猴的研究很困难。1890年，两名法国人在云南德钦县猎获7只滇金丝猴并制成标本运回了法国。之后许多科学家均推断这种稀有动物已经灭绝了。直到1979年，我国的动物学家才在野外第一次看到了活蹦乱跳的滇金丝猴。

滇金丝猴的生存危机

滇西北的藏民认为滇金丝猴是人类的远亲，不能捕杀。独特的人文及自然环境条件使金丝猴依旧生存在自然的怀抱里。然而，由于当地对森林的砍伐，滇金丝猴的家园被破坏，它们的数量越来越少。滇金丝猴的眼睛里所见的绿色越来越少，它们澄澈的瞳仁里已充满了幽怨，"给我一个家园"，人类已听到它们的呼喊。

猕猴

　　猕猴又叫黄猴、恒河猴、广西猴、猴子、马骝、沐猴、猢猴。是我国常见的一种猴类，体长 43～55 厘米，尾长 15～24 厘米，体重 4～12 千克左右。头部呈棕色，背上部棕灰或深棕黄色，下部橙黄或橙红色，腹面淡灰黄色。鼻孔向下，具颊囊，臀部的胼胝明显，多栖息在石山峭壁、溪旁沟谷和江河岸边的密林中或疏林岩山上，树栖生活，群居。善于攀援跳跃，会游泳和模仿人的动作。主要吃植物的花、枝、叶及树皮，偶尔吃鸟卵和小型无脊椎动物。4～5 岁性成熟，每年产 1 胎，每胎 1 仔。分布于我国西南、华南、华中、华东、华北及西北的部分地区。猕猴属国家二级保护动物。

黑叶猴

　　黑叶猴又名叶猴、乌叶猴、乌猿，是珍贵稀有灵长类动物之一，仅产于广西、贵州，分布区域狭窄，数量很少。体形纤瘦，四肢细长，头小尾巴长，体长 50～60 厘米，尾长 79～86 厘米。头顶有黑色直立的毛冠，两颊至耳基有白毛，成体全身乌黑色，体毛又长又厚密，有光泽，尾端白色。手、足具乌黑扁平的趾甲。刚出生的小黑叶猴全身乳黄色，头部则为金黄色，尾黑色，30天左右全身还是金黄色，非常可爱。

黑叶猴生活于热带、亚热带丛林中，树栖，喜群居，每群有一首领，跳跃能力非常强，一次可越出10米左右。很少下地喝水，多饮露水和叶子上的积水。黑叶猴属于国家一级保护动物。

黑长臂猿

黑长臂猿俗名黑冠长臂猿、吼猴、料猴、风猴、黑猴。臂特长，站立时手可及地，无尾，体长40～50厘米。雌雄个体毛色迥异。雄猿通体黑色，头顶部的毛向上生长，形似黑冠；成年雌猿灰棕黄色，头顶部黑褐色。幼猿雌雄都是黑色。栖息于热带、亚热带的茂密森林中，过着家族式的生活，每群10只左右，机警，晨昏活动，在固定的范围内有一定的活动路线。攀援自如，很少下地，大部分时间在树上睡卧。

它们吃植物的嫩芽和果实，也吃昆虫和鸟卵，极少下地饮水，主要靠饮叶片的露水。属于国家一级保护动物。

鼠

茅　鼠

茅鼠从不到人们居住的房屋或者储存食物的地方去，它们生活在麦田或灌木丛下。从西伯利亚到地中海，从英国到日本，都有适合茅鼠生存的环境。茅鼠总是攀附在高大的、特别是经过人们耕耘过的草本植物上，例如成熟待收的小麦，所以人们又把茅鼠称为收获鼠。立金花的花蜜是它最好的食糖来源，即使要像杂技演员那样攀上爬下，茅鼠也会毫不犹豫地爬向立金花。蒲公英的种子是茅鼠喜爱的另一种食物，它不仅含有丰富的蛋白质，还有高能量的脂类和油。

茅鼠的生存本领

有人说350万只茅鼠的重量才顶得上一只犀牛，实际上茅鼠纤巧的体形给它带来不少好处。因为太小，食肉动物对它不屑一顾；小巧体形对茅鼠的另外一个好处就是能使它轻而易举地爬上草秆。它的身体有两个特殊的结构：一个是后脚上能对握的趾，使它能紧紧握住草秆；茅鼠的另一结构就是它的尾巴，像登山运动员的安全绳一样起保护作用。稍有风险，茅鼠总是用尾绕着草秆，就像一个制动器，使它保持身体的平衡。

树　鼩

树鼩俗称假松鼠，为小型树栖食虫的哺乳动物，在结构上既有食虫类的特点，又有灵长类的特点。仅有 1 科 16 种，均分布于东南亚热带森林中，外形似松鼠，吻部尖长；尾毛蓬松，向两侧分列。头骨有发达的骨质闭锁形眼眶。四肢较纤细，体重 100～200 克。全身呈橄榄褐色。昼间活动，营树栖生活，栖于山区阔叶林中，以昆虫为食。我国仅 1 属，1 种，产于云南、海南岛和广西。由于树鼩在进化上所处的中间地位，在动物学上日益受到重视。在医学上是一种新发现的廉价高等实验动物，用树鼩的内脏进行组织培养，用于病毒的接种等多项科研，效果均很好，因而被称为"实验动物的新星"。

松　鼠

松鼠又名灰鼠、松狗，体形中等或较大，体态修长而轻盈，体长 20 厘米左右，尾长而粗大，尾长为体长的 2/3 以上，但不及体长。尾毛蓬松而略扁平。体背面冬毛灰褐色，耳端有黑褐色长簇毛。夏毛颜色加深，变为黑褐色，耳端黑长簇毛消失，体腹面冬夏都是白色。松鼠的耳朵和尾巴的毛特别长，能适应树上生活。喜欢在光天化日之下活动，特别在清晨更为活跃，常常在树干和树枝间窜来跳去，一会儿觅食，一会儿玩耍，无拘无束，好不自在。松鼠没有冬眠的习惯，但在严冬季节，也不甚活跃。松鼠的种类很多，全世界约有 240 种。

赤腹松鼠

赤腹松鼠又名红腹松鼠，大小与灰鼠相似，体重在 500 克以下，体长约 20 厘米，尾长等于或大于体长，后肢长于前肢，爪锐利成钩状。全身仅头、胸、腹部和四肢为短毛，其余均为长毛，尤其尾毛极为膨大，故俗称为"膨鼠"。赤腹松鼠栖居于热带和亚热带山地中。喜欢在各种果树如栗、桃、李及其他高大的乔木树上活动，有时出现在山崖、矮树丛或杂草地带，在居民住宅附近也有活动。洞巢多筑在乔木枝杈或居民房屋檐上及天花板里，也利用山崖石缝内营巢。以各种浆果、坚果为食，也食鸟蛋、雏鸟、昆虫等，常用前肢抱着食物吃。一般于春夏季繁殖，一胎 2～3 只多见。

旱　獭

旱獭又名土拨鼠、哈拉、雪猪，曲娃（藏语），是松鼠科中体形最大的一种，体形似小狗，肥胖，耳小，头短阔，四肢粗壮，体毛呈褐色。旱獭是陆生和穴居的草食性、冬眠性野生动物。旱獭广泛栖息于草原地带低山丘陵地区，一年大约有一半的时间在冬眠，它们过家族生活，个体接触密切。以植物为食，春食牧场的嫩芽、嫩根，秋食牧草的茎、叶。年产 1 胎，每胎产 4～5 只。国内主要分布于黑龙江和内蒙古。旱獭毛皮质好，是制作裘皮的名贵原料，油可做高级润滑油，肉细嫩鲜美，肉、油、骨、肝、胆均可入药。但旱獭也破坏草原，传播鼠疫。

飞　鼠

飞鼠体形较小，体长不足 20 厘米，体侧具被毛的皮质飞膜。体毛细软光亮，背面银灰色或褐灰色，腹面全为灰白色。尾扁平，尾毛呈羽状左右分向，中央 1 条呈深褐灰色，两侧为橙黄灰色。栖息于山林中，营巢于高树的树洞内。多于夜间和晨昏活动，能在树林间滑翔。在地面步行摇摆，行走不快。以坚果、嫩枝、树皮、蘑菇等为食。具有药用价值，其毛皮可用，其干燥的粪便入药，名为"五灵脂"。

棕鼯鼠

棕鼯鼠又名飞虎，体长达 40～50 厘米。尾圆形，其长超过体长，为 55～62 厘米。耳小，眼大。体背及两侧深红色，毛尖灰白，如披白霜。腹面毛乳黄色。头部灰白，眼周深红，两颊及耳背上部有深红色斑块。尾栗红色，蓬松。多栖于山坡森林地带，巢筑于树洞或岩洞中。晨昏时活动较频繁，活动以攀、爬、滑翔相交替。食物以麻栗树叶、倪藤果、榕果、山姜子、山荔枝、野芭蕉等果实为主，偶亦食昆虫。其粪便可加工成"五灵脂"，骨骼可泡制风湿药酒。因长期被偷猎，目前种群数量呈下降趋势。分布于福建、台湾、广东、广西、四川、云南等地。

负　鼠

在哺乳动物家族中，负鼠是一种比较原始的有袋类动物群，主要产在拉丁美洲。负鼠是一种很小的动物，小的只有老鼠那么大，最大的也不过像猫那么大。体长仅有 26 厘米左右，它的尾巴比身体还长，大约有 30 厘米长，负鼠身体虽然比较小，但繁殖能力十分强。它是世界上怀孕期最短的哺乳动物。负鼠从怀孕到分娩，在正常的情况下为 12～13 天，有时只有 8 天。这在哺乳动物中，可算是独一无二的了。

爱装死的负鼠

负鼠体色多数是灰褐色，头部和尾巴是白色。负鼠的尾巴细又长，而且光滑无毛。前后肢都比较发达，它的脚有五趾。它们喜欢栖息在树林中的溪边或湖边和沼泽周围。一般在夜间活动，负鼠以昆虫、蛙类、蜥蜴、水果为食，有时也偷窃鸡、兔。负鼠还有装死的伎俩。每当遇到危险的时候，负鼠从来不进行"积极抵抗"，往往是爬到树上躲藏起来。如果来不及逃跑，就干脆躺下装死。可是它的这种愚蠢的举动，正好给它当俘虏创造了条件。

羚 羊

羚羊身高 60～90 厘米，常 5～10 头成群，有的一群可达数百只。一般生活在旷野或沙漠地区，有的栖息于山区地带。羚羊是一种性情温和的动物。它们在草原上的处境很艰难，很多食肉动物如猎豹、狮子、豺狗群体都是它们的强敌。产于中国的有原羚、膨喉羚、藏羚和斑羚等。中国新疆所产赛加羚羊的角可供做药材。羚羊角常用做平肝息风药。捕猎羚羊虽然是非法的，但仍然屡禁不止，羚羊的生存正受到严峻的考验。

非洲羚羊

在非洲广阔的草原上，生活着 60 多个不同种类的羚羊。它们虽然属于同一个家族，但是在体态、性情方面却有很大的区别。羚羊广泛地分布在高地、平原、灌木丛等各个地方。

旋角大羚羊

旋角大羚羊身高约 2 米，体重约 1 吨。虽然它的体形硕大，但行动起来却敏捷灵活，能跑善跳。旋角大羚羊的主要食物是青草和树叶。像所有的羚羊一样，它也是反刍动物，一天中的大部分时间都花在了对食物的加工和消化上。羚羊的角是骨质的，它不像鹿那样一年脱换一次。羚羊的角骨在幼年时长出，到少年时脱换一次，从此这两块硬骨便伴随着它的一生。

南非小羚羊

南非小羚羊学名跳羚，生活在非洲西南部，它非常善于跳跃。它们是群居动物，当发现敌人，例如一只猎豹或一只狮子，羚羊群中的一个或者几个成员就会发出警报。南非小羚羊发警报时，会笔直地向上蹿，高度达到 3 米多，同时脚直挺挺地垂着，身体弯曲，这就是蹦跳，南非小羚羊可以连续蹦跳多次，看上去就好像一弹一弹的。

南非小羚羊有一个报警信号，从它的背部中央直到臀部有一层皮肤折皱，展开时会突然露出一大片耀眼的洁白无瑕的毛，当一头南非小羚羊发出信号后，另外一头会接着报警，一个接一个，于是整个羚羊群看上去是一片白光闪烁。一旦发现敌人靠近，整群羚羊都会迅速地逃跑。

过去，大量的南非小羚羊聚居在一个地区，因为食物缺乏，它们便会突然迁徙。迁徙发生时，百万之众的羚羊群像潮水一般席卷大地，沿路还要接纳其他的跳羚，景象极其壮观。近来，因为它们遭到严重的捕猎，如此数量巨大的羚羊群再也没有出现过。

藏羚羊

藏羚羊又叫藏羚、长角羊，生活在中国青藏高原（西藏、青海和新疆），有少量分布在印度拉达克地区。成年雄性藏羚羊脸部呈黑色，腿上有黑色标记，头上长有竖琴形状的角用于御敌。身高约 80～85 厘米、体重约 35～40 千克。雌性藏羚羊没有角，成年雌性藏羚羊身高约 75 厘米，体重约 25～30 千克。藏羚羊以几十到上千只不等的种群，生活在海拔四五千米的高山草原、草甸和高寒荒漠上。藏羚羊善于奔跑，最高时速可达 80 千米，寿命最长为 8 年左右。

藏羚羊的栖息地

藏羚羊生活在青藏高原 88 万平方千米的广袤大地上，在 4000～
5300 米的高原荒漠、高原冻土带及湖泊沼泽周围栖息着。藏北的羌塘
以及青海的可可西里以及新疆阿尔金山一带令人生畏的生命禁区，植
被稀疏，只能生长针茅草、苔藓之类的低等植物，而这些正是藏羚羊
赖以生存的美味佳肴。那里湖泊虽多，但大都是咸水湖。藏羚羊是那
里最美的一道风景，它们优美的体形，刚烈的性格，敏捷的动作，耐
高寒、抗缺氧的能力，使它们成为那里最具有典型性的生命。

藏羚羊的迁徙

藏羚羊有季节性迁徙的生态特征。夏天，藏羚羊会沿着固定的路
线向北迁徙，生存的地区东西相跨 1600 千米。此行的藏羚羊的产羔地
主要在乌兰乌拉湖、卓乃湖、可可西里湖等地，每年 4 月底，雌、雄羚
羊开始分群而居，不满 1 岁的公仔也会和母亲分开，到五六月，母羊与

它的雌仔迁徙前往产羔地产子，然后母羚又率幼子原路返回越冬地与雄羊合群，11～12月交配，完成一次迁徙过程。有少数种群不迁徙。

野骆驼

　　野骆驼属大型偶蹄类。体躯高大，和家养双峰驼十分相似。野骆驼是沙漠中的"苦行僧"。野骆驼体形瘦高，四肢细长，体毛较短，全身毛色淡棕黄，从来没有深褐、浅黄、灰白等其他颜色。在膝部、肘部、颈的上下部、头顶、峰顶和尾端有较长的毛，但颜色并不特别深。野骆驼的头较小，耳朵也较小，尾巴也短，但是脖子却比家驼长，脚掌狭窄，蹄盘较小，所以脚印也比家驼小得多。所以家驼适于负重慢行，野驼适于快速奔跑。

野骆驼的生存状况

　　野骆驼现仅在中国西北部和蒙古国，主要在中国内蒙古、甘肃、青海和新疆有分布。它们生活在极端艰苦、极其贫瘠、极为干旱的沙漠里。夏季沙漠里热得像蒸笼，气温高达40℃以上，而地面沙石上的温度可高达70℃，就是鸡蛋都能很快烤熟。但在骆驼脚掌上长有一层很厚的胼胝，不怕烫脚。在沙漠中，野骆驼是所有动物中最顽强、最能吃苦耐劳、最富有抵抗力的一种大型动物。它们主要采食红柳、骆驼刺、芨芨草、白刺等很粗干的野草和灌木枝叶为食，喝又苦又涩的咸水。吃饱后找一个比较安静的地方卧息反刍。骆驼性情温顺，机警顽强，反应灵敏，奔跑速度较快且有持久性，能耐饥渴及冷热。

犀　牛

犀牛是至今生存在陆地上的仅次于大象的庞大哺乳动物。它的体重约两吨半重，身高两米多。犀牛大部分时间都在吃草，每天的食草量达500千克。打滚对犀牛来说非常重要。犀牛在水洼里打滚是一种不让蚊虫叮咬的有效办法。同时，还可以保持身体的凉爽。非洲啄牛鸦经常与犀牛为伴。对于啄牛鸦来说，犀牛是一张会自行移动的宴席桌，因为在犀牛身上寄生着许多味道鲜美的虱子，足够让它饱餐一顿。而对于犀牛来说，啄牛鸦可以除去它身上的寄生虫，并且在出现危险时，还可以向它报警。犀牛的悠然自得与啄牛鸦的忙碌，形成了有趣的对照。

白犀牛

　　白犀牛与黑犀牛是非洲最著名的犀牛种类。白犀牛与它的近亲黑犀牛有许多不同之处。它们生活在南部和中部非洲的大草原和林地中。它们要求生活的区域地形比较平坦，有灌木作为掩护，同时草场和水源丰富。白犀牛一般来说比较温顺，没有门牙和犬牙，它们使用嘴唇采集食物。20世纪，白犀牛分布在许多非洲国家。现在白犀牛已经成为濒临绝种保育类野生动物。

黑犀牛

　　黑犀牛长着一个尖尖的上嘴唇，它正是靠这个尖嘴唇在灌木丛中寻找食物，主要食木本植物的嫩枝叶，特别喜食金合欢，也食野果，偶尔食青草。黑犀牛的头总是抬得比白犀牛高，尽管它并不比白犀牛高大，但脾气却比白犀牛暴躁，有时会攻击车辆和人。它们的奔跑速度可达每小时45千米。雄性虽然是独居，但在一个水塘相遇时却能相互容忍，但有时也会大声喷鼻，用脚掌拍打地面，驱逐后来者。雄性之间很少相互接触。黑犀牛全身暗黄棕色，栖息于森林与草地的过渡区，一般在茂密的多棘灌丛或刺槐灌丛地区。黑犀牛对水的依赖性很强，每天至少要喝一次水。白天在树荫下休息，天气炎热时在泥水中滚来滚去。它们的听觉和嗅觉灵敏，但视力差。黑犀牛是分布最广、现存最多的一种，现存2600头。

大独角犀

　　大独角犀是一种外貌极为奇特的动物。这种亚洲犀牛比非洲的黑、白种犀牛更加接近于原始犀牛，从进化的角度来看，亚洲犀牛也许可以称为典型的早期动物。大独角犀与它们的非洲亲戚们相比，演唱的才能要强得多，它们可以发出 10 种不同的声音。大独角犀的怀孕期长达 16.5 个月，小牛吃奶期为 2 年，它们要在母亲的身边生活 4 年左右。

其 他

鹿

鹿是偶蹄目，眼窝凹陷，有颜面腺、有足腺。体长 0.75～2.90 米，体重 9～800 千克。鹿的种类繁多，形态各异，共 16 属约 52 种，鹿体型大小不一，最大的是驼鹿，最小的是鼷鹿。鹿是典型的草食性动物，吃草、树皮、嫩枝和幼树苗。腿细长，善奔跑。雄鹿大于雌鹿，多数一雄多雌。一般雄性有一对角，雌性没有，鹿大多生活在森林中，以树芽和树叶为食。鹿角随年龄的增长而长大。鹿分布在美洲及亚欧大陆的大部分地区。其中梅花鹿的鹿茸是名贵的中药材。国内已大量进行人工饲养，并进行活鹿取茸（对鹿不会造成伤害）。角是鹿科动物中雄鹿的第二性征（个别属无角，如獐属），同时也是雄鹿之间争夺配偶的武器。角的生长与脱落受脑下垂体和睾丸激素的影响。北方的鹿过了繁殖季节，角便自下面毛口处脱落，第 2 年又从额骨上面的 1 对梗节上面的毛口处生出。

食蚁兽

在中、南美洲，生活着另一种贫齿动物——食蚁兽。食蚁兽中的大食蚁兽体大如猪，有一条巨大的蓬松尾巴，一般在地面上生活。另一种小食蚁兽体大如狗，尾巴稍细短，能缠绕和当支柱，能在树上生活。还有一种二趾食蚁兽最小，只有老鼠般大。三种食蚁兽中前者较常见。食蚁兽模样古怪，头又细又长，像一根大棒。头上眼、耳、鼻、口及脑都很小，口内无牙齿，但有一条长达 30 厘米的长舌，长舌状如蚯蚓可伸缩，舌上富含唾液，可伸进蚁穴粘取大量蚂蚁。食蚁兽每胎产一仔，幼仔常骑在母兽背上外出活动。

食蚁兽的生态习性

食蚁兽前后肢都具有 5 趾，中趾粗大而有力。用力一抓，可把坚硬的地面划开，还能用以自卫。所以，虽然它的头部毫无防御装备，但强有力的前肢和非常锐利的巨爪是富有威力的"武器"。食蚁兽性情温和，动作迟钝，但嗅觉灵敏，能根据气味寻到蚁穴。寻到蚁穴后，即用有力的前爪扒开地面，用长舌舔食蚁类，囫囵吞下，它的食量很大，一次可食一磅（454 克）重的蚁类，它在抑制蚁害方面有益。食蚁兽全身毛很多，呈棕褐色。它的皮肤又硬又厚，以致不怕猛兽的尖齿利爪。一头食蚁兽在一个蚁穴中只吃 140 天左右的蚂蚁，吃完后就离开再另换一个蚁穴。靠这种吃法，它可以保证自己领地内蚁穴中的蚂蚁存活下去，以便它改天再来美餐。

河　狸

河狸又叫海狸，是水陆两栖的啮齿目动物，主要分布在美洲北部，亚洲、欧洲数量很少，在我国只有新疆的阿尔泰地区才有河狸，是国家一级保护动物，和大熊猫一样，受到特别的保护。它是中国啮齿动物中最大的一种。半水栖生活，体形肥壮，头短而钝、眼小、耳小、颈短。门齿锋利，咬肌尤为发达。它们通常在夜间活动，白天很少出洞，善游泳和潜水，不冬眠。河狸具有改造自己栖息环境的能力。它们总是孜孜不倦地用树枝、石块和软泥垒成堤坝，以阻挡溪流的去路，小则汇合为池塘，大则可成为面积达数公顷的湖泊。

河狸筑坝

河狸到了一个新池塘，就着手兴建它的新家。如果湖水中原来没有小岛，它们就会找来木材、树枝和烂泥等物体，抛向湖底，逐渐营造出一个小岛，再在小岛上修建巢穴。河狸非常聪明。为了远距离运输树枝和咬碎的木块，它们会开挖一条小水渠，用来运输材料。河狸啃树的本领很高。为了得到筑坝的材料，它们能在1～2小时内将一棵直径十几厘米的杨、桦或柳树主干啃断，又能在3～4小时内将啃倒的树干枝条再咬成40～50厘米长的小段。河狸以树皮、嫩枝和一些水生植物为食，所以一直都与森林、池塘作伴。有时候，河狸的巢穴会一代接一代地传下去。据说，有一些河狸的巢穴已存在了1000年之久。

斑 马

斑马为非洲特产。南非洲产山斑马，除腹部外，全身密布较宽的黑条纹，雄体喉部有垂肉。非洲东部、中部和南部产普通斑马，由腿至蹄具条纹或腿部无条纹。非洲南部奥兰治和开普敦平原地区产拟斑

马，成年拟斑马身长约 2.7 米，鸣声似雁叫，仅头部、肩部和颈背有条纹，腿和尾白色，具深色背脊线。东非还产一种格式斑马，体形最大，耳长（约 20 厘米）而宽，全身条纹窄而密，因而又名细纹斑马。山斑马喜在多山和起伏不平的山岳地带活动；普通斑马栖于平原草原；细纹斑马栖于炎热、干燥的半荒漠地区，偶见于野草焦枯的平原。生性谨慎，通常结成小群游荡，常遭狮子和鬣狗等食肉猛兽捕食。主要以青草和嫩树枝为食。斑马是群居性动物，常结成群 10～12 只在一起，也有时跟其他动物群，如牛羚乃至鸵鸟混合在一起。老年雄性斑马偶然单独活动。它们跑得很快，每小时可达 64 千米，斑马经常喝水，很少到远离水源的地方去。它们还有一个特点，即使在食物短缺时，从外表看仍是又肥壮皮毛又有光泽。

刺　猬

刺猬别名刺团、猬鼠、偷瓜獾、毛刺等，是异温动物，因为它们不能稳定地调节自己的体温，使其保持在同一水平，所以，刺猬在冬天时有冬眠现象。刺猬除肚子外全身长有硬刺，当它遇到危险时会卷成一团变成有刺的球，它的形态和温顺的性格非常可爱，有些品种只比手掌略大，因而在澳大利亚有人将它当宠物来养。刺猬有非常长的鼻子，它的触觉与嗅觉很发达。它最喜爱的食物是蚂蚁与白蚁，当它嗅到地下的食物时，它会用爪挖开洞口，然后将它的长而黏的舌头伸进洞内一转，即获得丰盛一餐。刺猬住在灌木丛内，会游泳，怕热。刺猬在秋末开始冬眠，直到第二年春季，气温暖到一定程度才醒来。刺猬喜欢打呼噜，和人相似。因其捕食大量有害昆虫，故刺猬对人类来说是益兽。